Dokumentation in der Mess- und Prüftechnik

Klaus Eden · Hermann Gebhard

Dokumentation in der Mess- und Prüftechnik

Messen - Auswerten - Darstellen
Protokolle - Berichte - Präsentationen

2., korrigierte und verbesserte Auflage

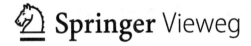 Springer Vieweg

Klaus Eden · Hermann Gebhard
Fachbereich Informations- und Elektrotechnik
Fachhochschule Dortmund
Dortmund, Deutschland

ISBN 978-3-658-06113-5   ISBN 978-3-658-06114-2 (eBook)
DOI 10.1007/978-3-658-06114-2

Die Deutsche Nationalbibliothek verzeichnet diese Publikation in der Deutschen Nationalbibliografie; detaillierte bibliografische Daten sind im Internet über http://dnb.d-nb.de abrufbar.

Springer Vieweg
© Springer Fachmedien Wiesbaden 2011, 2014

Springer Vieweg ist eine Marke von Springer DE. Springer DE ist Teil der Fachverlagsgruppe Springer Science+Business Media
www.springer-vieweg.de

Vorwort

Naturwissenschaftliche, ingenieurwissenschaftliche und technische Studiengänge leben davon, dass ihre Ergebnisse, Analysen und Auswertungen eindeutig und klar dargestellt werden. Nur so kann die gewünschte Nachhaltigkeit erreicht werden. In diesem Lehrbuch werden hierzu die grundlegenden Methoden für die Aufbereitung, Auswertung und grafische Präsentation von Versuchsdaten erarbeitet.

Studierende in den ersten Semestern werden im Rahmen von Praktika mit der Durchführung, Auswertung und der Dokumentation von Versuchen konfrontiert. Auf Grund unterschiedlicher Bildungswege, aber auch wegen geänderter Lehrpläne an den Schulen gibt es stark abweichende Eingangsvoraussetzungen.

Die Autoren sind beide langjährig in der Ingenieur- und Masterausbildung an der FH Dortmund tätig. Von dieser Vorlesungserfahrung profitiert das vorliegende Buch.Durch Ausführlichkeit, Anwendungsbezug und zahlreiche Übungsaufgaben mit ausführlichen Lösungen befähigt es die Studierenden, die Methoden zur Auswertung und Darstellung von Messdaten selbstständig anzuwenden.

Der Teil „I Messen - Auswerten - Darstellen" legt systematisch die Grundlagen für die Fehlerberechnung und Fehlerfortpflanzung, sowie für die grafische Darstellung der Ergebnisse. Die Anwendung der linearen und nichtlinearen Ausgleichsrechnung ermöglicht dem Anwender, unbekannte Kennzahlen oder Parameter zu den Versuchen aus den Daten zu extrahieren.

Im Teil „II Protokolle - Berichte - Präsentationen" stehen der Aufbau, die inhaltliche Gestaltung und die äußere Form technischer Texte wie z.B. Protokolle, Laborberichte und Präsentationen im Vordergrund. Für die elektronische Dokumentation sind Kenntnisse über Datei-, Text- und Grafikformate hilfreich.

Das Buch ermöglicht das selbstständige Einarbeiten und kann als Vertiefung zu Lehrveranstaltungen genutzt werden. Die vorgestellten Beispiele und Aufgaben aus allen Bereichen der Natur- und Ingenieurwissenschaften sind so aufgebaut, dass durch Anwenden der erlernten Methoden die Lösungen auch ohne spezifisches Fachwissen erstellt werden können. Es ist dann ein Leichtes, die Methoden auch für spezifische Fragestellungen im eigenen Fachgebiet zu nutzen.

Besonderer Dank gilt unseren Ehefrauen und Kindern, die uns mit viel Verständnis bei der Erstellung dieses Buches begleitet haben. Nicht vergessen möchten wir, uns bei Herrn Dipl.-Ing. C. Fried und Herrn D. von Truczynski für die sorgfältige Durchsicht und Unterstützung bei der Erstellung der Latex-Vorlagen zu bedanken.

Dortmund, im Juli 2011
Klaus Eden, Hermann Gebhard

Vorwort zur 2. Auflage

Vor gut drei Jahren erschien die erste Auflage dieses Lehrbuches. Aufgrund der intensiven Nachfrage durch Studierende der ersten Semester, insbesondere auch der E-Book-Version, ist eine zweite Auflage notwendig geworden.

In der vorliegenden 2. Auflage sind primär Druckfehler korrigiert, sowie einige Verbesserungsvorschläge in der Darstellung seitens der Studierenden und anderer aufmerksamer Leser berücksichtigt worden. Wir hoffen, dass diese verbesserte Auflage eine noch größere Hilfe im Studium ist, und die Auswertung, Darstellung und Dokumentation von Messergebnissen im Rahmen von Praktika, Projektberichten und Abschlussarbeiten davon profitieren.

Es würde uns freuen, wenn die Leser uns auch weiterhin mit konstruktiver Kritik und Verbesserungsvorschlägen unterstützen.

Dortmund, im April 2014

Klaus Eden, Hermann Gebhard

Inhaltsverzeichnis

Teil I

Messen - Auswerten - Darstellen

1 Technische Größen und ihre Einheiten

1.1 Einheiten

Die Erfassung der grundlegenden Phänomene in der Natur und Technik erfordert eine klare und adäquate Sprache zur quantitativen Beschreibung ihrer Wirkungen. Neben den Zahlenwerten sorgen feste Einheiten für eine eindeutige Bewertung der Größen.

1.1.1 Physikalische Messgrößen

Die Physik beschäftigt sich mit Erscheinungen, die durch messbare Begriffe, **die physikalischen Größen G**, erfasst werden können. Jede physikalische Größe wird ausgedrückt als Produkt eines Zahlenwertes und einer Einheit. Das Internationale Einheitensystem, SI-System (Système international d´unités) basiert gegenwärtig auf sieben Basiseinheiten und zahlreichen sogenannten 'abgeleiteten Einheiten'. Die Berücksichtigung dieser Einheiten ist nicht als lästiges Übel anzusehen, sie vereinfacht die Physik und Technik, denn durchgeführte mathematische Operationen liefern notwendigerweise die korrekten physikalischen Einheiten [ptb07], [ptb94].

Alle physikalischen Größen G werden als Produkt eines

Zahlenwertes $\{G\}$ **Maßzahl**

und einer

Einheit $[G]$ **Maßeinheit**

geschrieben.

$$\text{Physikalische Größe} = \text{Zahlenwert} \cdot \text{Einheit}$$
$$\mathbf{G} = \{\mathbf{G}\} \cdot [\mathbf{G}]$$

> Bei jeder physikalischen oder technischen Berechnung ist die Einheitenkontrolle ein elementarer Arbeitsschritt.

Für eine bestimmte Größe, z.B. die Geschwindigkeit v eines Autos, können mehrere verschiedene Einheiten verwendet werden:

$$v = 2\,000\,\frac{\text{cm}}{\text{s}} = 20\,\frac{\text{m}}{\text{s}} = 72\,\frac{\text{km}}{\text{h}}$$

Welche dieser Einheiten in der Praxis angegeben wird, hängt häufig von historischen oder alltäglichen Gewohnheiten ab. So ist es sinnvoll und üblich, die Entfernung zwischen Dortmund und Hamburg in Kilometer 'km' und nicht in Meter 'm' auszudrücken. In Themen der Chemie oder Biologie wird dagegen die Länge eines Moleküls in Nanometer 'nm' statt durch Meter 'm' angegeben.

1.1.2 Basiseinheiten

Es ist zweckmäßig, eine begrenzte Anzahl von Einheiten als Basiseinheiten auszuwählen und die Einheiten aller anderen Größen durch Produkte oder Potenzen dieser Basiseinheiten darzustellen. So ergibt sich die Beschreibung der abgeleiteten Einheiten .

Die physikalischen Basisgrößen sind im *SI-Einheitensystem* (Systeme Internationale d'Unites) definiert. Das SI-System wurde 1960 von der 11.Generalkonferenz für Maß und Gewicht (CGPM) verabschiedet [ptb07], [ptb94]. Seit 1969 bilden die sieben in der Tabelle 1.1 aufgeführten Fundamentalgrößen den gesetzlichen Standard.

Weiterhin wurde durch die internationale Standardisierungs-Organisation (ISO) am 20.10.1983 die Vakuum-Lichtgeschwindigkeit per Definition festgelegt:

$$\text{Lichtgeschwindigkeit} \quad c = c_0 = 299\,792\,458\,\frac{\text{m}}{\text{s}}$$

d.h., die Lichtgeschwindigkeit im Vakuum c_0 ist *fehlerfrei*.

Tabelle 1.1: Basisgrößen, Basiseinheiten, Definitionen und Genauigkeiten im SI-Maßsystem. Die Zahl am Ende der Definition gibt die Genauigkeit an, mit der die Größe bestimmt werden kann.

Basisgröße	Symbol [G]	Basiseinheit	Definition / Genauigkeit
Zeit t	Sekunde	[s]	1 Sekunde ist das 9.192.631.770-fache der Periodendauer der dem Übergang zwischen den beiden Hyperfeinstruktur-niveaus des Grundzustandes von Atomen des Nuklids ^{133}Cs entsprechenden Strahlung. / 10^{-14}
Länge l, x	Meter	[m]	1 Meter ist die Länge der Strecke, die Licht im Vakuum während der Dauer von 1/299.792.458 Sekunden durchläuft. / 10^{-14}
Masse m	Kilogramm	[kg]	1 Kilogramm ist gleich der Masse des internationalen Kilogramm-Prototyps. / 10^{-9}
Elektrische Stromstärke I, i	Ampere	[A]	1 Ampere ist die Stärke eines zeitlich konstanten Stroms, der, durch zwei im Vakuum parallel im Abstand von 1 Meter voneinander angeordnete, geradlinige, unendlich lange Leiter von vernachlässigbar kleinem kreisförmigem Querschnitt fließend, zwischen diesen Leitern je 1 Meter Leiterlänge die Kraft $2 \cdot 10^{-7}$ Newton hervorruft. / 10^{-6}
			Fortsetzung auf der nächsten Seite

Tabelle 1.1 (Fortsetzung)

Basisgröße	Symbol [G]	Basiseinheit	Definition / Genauigkeit
Temperatur T	Kelvin	[K]	1 Kelvin ist der 273,16te Teil der thermodynamischen Temperatur des Tripelpunktes des Wassers. / 10^{-6}
Lichtstärke I_v	Candela	[cd]	1 Candela ist die Lichtstärke in einer bestimmten Richtung einer Strahlungsquelle, die monochromatische Strahlung der Frequenz 540 THz aussendet und deren Strahlstärke in dieser Richtung $1/683\,\mathrm{W/sr}$ beträgt. / $5 \cdot 10^{-3}$
Stoffmenge n	Mol	[mol]	1 Mol ist die Stoffmenge eines Systems, das aus ebenso viel Einzelteilchen besteht, wie Atome in $12/1\,000$ Kilogramm des Kohlenstoffnuklids ^{12}C enthalten sind. / 10^{-6}

1.2 Abgeleitete Einheiten

Neben den sieben Basiseinheiten lassen sich aufgrund physikalischer Gesetzmäßigkeiten eine unzählbare Anzahl von *abgeleiteten Einheiten* definieren. Sie werden aus den Basiseinheiten mittels algebraischer Beziehungen, d.h. durch die mathematischen Regeln für die Multiplikation und Division, bestimmt.

Es wird also ein physikalisches Gesetz zur Definition einer abgeleiteten Einheit benutzt, wobei viele abgeleitete Einheiten einen eigenen Namen tragen. Sehen wir uns als Beispiel die Newtonsche Gleichung für die Definition der Kraft an:

Beispiel 1.1

Für die Kraft gilt die Definition

$$F = m \cdot a$$

Hierbei steht das Formelzeichen F für die Kraft,, das Formelzeichen m für die Masse und das Formelzeichen a für die wirkende Beschleunigung.

In SI-Einheiten gilt:

$$[m] = 1\,\text{kg} \qquad \text{und} \qquad [a] = \frac{\text{m}}{\text{s}^2}$$

Also folgt für die Einheit der Kraft F:

$$[F] = [m] \cdot [a] = 1\,\frac{\text{kg\,m}}{\text{s}^2} = 1\,\text{N} \quad \text{„Newton“}$$

Die Einheit der Kraft erhält den eigenen Namen „Newton“.

Beispiel 1.2

Die Arbeit W berechnet sich aus:

$$W = F \cdot s$$

Für die SI-Einheiten gilt:

$$[W] = \frac{\text{kg\,m}}{\text{s}^2} \cdot \text{m} = \frac{\text{kg\,m}^2}{\text{s}^2} = \text{N\,m} = \text{J} \quad \text{„Joule“}$$

Hierbei gilt die Definition:

$$1\,\text{J} = 1\,\text{N\,m} = 1\,\frac{\text{kg\,m}^2}{\text{s}^2}$$

Weitere Beispiele sind in Tabelle 1.2 zusammengestellt.

Diese besonderen Namen und Einheiten erlauben es, oft verwendete Kombinationen von Basiseinheiten in einer komprimierten Form auszudrücken. In der Praxis dienen sie oft aber auch als Hilfe und zur Fehlererkennung, da zu jeder physikalischen Größe eine bestimmte Einheit gehört.

Die historische Entwicklung der Einheiten auf unterschiedlichen Kontinenten und in unterschiedlichen Kulturkreisen hat zu einer Vielzahl von alten Einheiten und Einheitenzeichen geführt, die bis zum 31.12.1977 befristet zugelassen waren und heute eigentlich nicht mehr auftreten sollten. In der täglichen Praxis halten sich jedoch immer noch einige dieser alten Einheiten, speziell wenn Kontakte mit angelsächsischen Ländern stattfinden. Einige Beispiele sind in der Tabelle 1.3 zusammengefasst.

Tabelle 1.2: Beispiele für abgeleitete Einheiten und deren Namen

Größe	Definitionsgleichung	SI-Einheit	Name
Geschwindigkeit v	$v = \dfrac{s}{t}$	$1\,\dfrac{\text{m}}{\text{s}}$	-
Beschleunigung a	$a = \dfrac{v}{t}$	$1\,\dfrac{\text{m}}{\text{s}^2}$	-
Druck p	$p = \dfrac{F}{A}$	$1\,\text{N}/\text{m}^2 \;=\;$ $1\,\text{Pa}$	Pascal
Leistung P	$P = \dfrac{W}{t}$	$1\,\dfrac{\text{J}}{\text{s}} = 1\,\text{W}$	Watt
Dichte ρ	$\rho = \dfrac{m}{V}$	$1\,\dfrac{\text{kg}}{\text{m}^3}$	-
Spannung U	$U = R \cdot I$	$1\,\Omega\,\text{A} = 1\,\text{V}$ $1\,\text{V} \;=\;$ $1\,\dfrac{\text{kg}\,\text{m}^2}{\text{A}\,\text{s}^3}$	Volt
Elektr. Ladung	$Q = I \cdot t$	$1\,\text{A}\,\text{s} = \text{C}$	Coulomb
Elektr. Kapazität	$C = \dfrac{Q}{U}$	$1\,\dfrac{\text{C}}{\text{V}} = 1\,\text{F}$	Farad
Magn. Flussdichte	$B = \dfrac{\mu_0 I}{2\pi r}$ mit $\mu_0 = 1{,}256 \cdot 10^{-6}\,\dfrac{\text{V}\,\text{s}}{\text{A}\,\text{m}}$	$1\,\dfrac{\text{V}\,\text{s}}{\text{m}^2} = 1\,\text{T}$	Tesla
Relative-Permeabilität[1] μ_r	eins	1	-
Brechungsindex[1] n	eins	1	-

---

[1]Es handelt sich um Größen „ohne Dimension" oder Größen der Dimension eins. Das Zeichen „1" für die Einheit (die Zahl „1") wird üblicherweise nicht angegeben.

Tabelle 1.3: Alte, nicht mehr zugelassene Einheiten, die jedoch immer noch auftreten

Größe	Alte Einheit	Kurz-zeichen	Beziehung
Länge	Zoll (inch)	in	$1\,\text{in} = 2{,}54\,\text{cm}$
	Fuß (foot)	ft	$1\,\text{ft} = 30{,}48\,\text{cm}$
	Meile (mile)	mil	$1\,\text{mil} = 1609{,}344\,\text{m}$
	Seemeile	sm	$1\,\text{sm} = 1{,}852\,\text{km}$
Geschwindigkeit	Knoten	kn	$1\,\text{kn} = 1\,\text{sm/h}$ $= 1{,}852\,\text{km/h}$
Druck	Millimeter Quecksilbersäule	mmHg	$1\,\text{mmHg}$ $= 1{,}333\,22\,\text{mbar}$ $= 133{,}322\,\text{Pa}$
	Pound-force per square inch	psi	$1\,\text{psi}$ $= 1\,\text{lbf/in}^2$ $= 6{,}894\,757\,\text{mN/mm}^2$ $= 6894{,}757\,\text{Pa}$
Raum	Gallon	gal	$1\,\text{US gal} = 3{,}7854\,\ell$ $1\,\text{UK gal} = 4{,}5461\,\ell$

1.3 Vorsätze für Zehnerpotenzen

Physikalische Größen überstreichen oft viele Zehnerpotenzen. Zur Vereinfachung der Schreibweise werden die Zehnerpotenzen häufig mit Vorsätzen, sogenannten Präfixen, versehen, die in der Tabelle 1.4 aufgelistet sind.

Tabelle 1.4: Präfixe für Zehnerpotenzen von Einheiten

Zehnerpotenz	Präfix	Symbol
10^{-24}	Yokto	y
10^{-21}	Zepto	z
10^{-18}	Atto	a
10^{-15}	Femto	f
10^{-12}	Piko	p
10^{-9}	Nano	n
10^{-6}	Mikro	μ
10^{-3}	Milli	m
10^{-2}	Zenti	c
10^{-1}	Dezi	d
$10^0 = 1$	Grundeinheit	
10^1	Deka	da
10^2	Hekto	h
10^3	Kilo	k
10^6	Mega	M
10^9	Giga	G
10^{12}	Tera	T
10^{15}	Peta	P
10^{18}	Exa	E
10^{21}	Zetta	Z
10^{24}	Yotta	Y

Diese Vorsätze beziehen sich ausschließlich auf Potenzen von „10", d.h. sie dürfen nicht benutzt werden, um Potenzen von „2" auszudrücken. Somit steht ein Kilobit für 1000 bits und nicht für 1024 bits.

Die von IEC (International Electrotechnical Commission) Normungsorganisation angenommenen Vorsätze für binäre Potenzen sind in der internationalen Norm IEC60027-5,2005 veröffentlicht [ptb07]. Danach gelten folgende Vorsätze:

Tabelle 1.5: Vorsätze für binäre Potenzen [ptb07]

Zweierpotenz	Präfix	Symbol
2^{10}	Kibi	Ki
2^{20}	Mebi	Mi
2^{30}	Gibi	Gi
2^{40}	Tebi	Ti
2^{50}	Pebi	Pi
2^{60}	Exbi	Ei

Damit wird z.B. ein Kibibyte geschrieben als $1\,\text{KiB} = 2^{10}\,\text{B} = 1\,024\,\text{B}$, wobei „B" für „Byte" steht.

Die SI-Vorsätze werden den Einheitenzeichen ohne Leerzeichen zwischen den Vorsatz- und dem Einheitenzeichen vorangestellt, d.h., sie bilden ein neues, nicht trennbares Einheitenzeichen.

Beispiele

pm	Pikometer	$10^{-12}\,\text{m}$
ng	Nanogramm	$10^{-9}\,\text{g}$
MW	Megawatt	$10^{6}\,\text{W}$
GΩ	Gigaohm	$10^{9}\,\Omega$
THz	Terahertz	$10^{12}\,\text{Hz}$

Alle Vorsatzzeichen für das Vielfache einer Einheit werden groß geschrieben, mit Ausnahme von „da" (Deka), „h" (Hekto) und „k" (Kilo). Vorsätze für Teile einer Einheit werden klein geschrieben (siehe Tab. 1.4). Es ist nicht zulässig, zwei oder mehr Vorsatzzeichen zusammenzusetzen:

$$\text{nm (Nanometer)}$$

aber nicht

$$\text{m}\mu\text{m (Millimikrometer)}$$

Beispiel 1.3

$$5,6\,\text{cm}^3 = 5,6\,(\text{cm})^3 = 5,6 \cdot \left(10^{-2}\,\text{m}\right)^3 = 5,6 \cdot 10^{-6}\,\text{m}^3$$

$$1\,\text{cm}^{-1} = \frac{1}{\text{cm}} = \frac{1}{10^{-2}\,\text{m}} = 10^2\,\frac{1}{\text{m}} = 100\,\frac{1}{\text{m}}$$

$$1\,000\,\frac{1}{\mu\text{s}} = 1\,000 \cdot \frac{1}{10^{-6}\,\text{s}} = 1 \cdot 10^9\,\frac{1}{\text{s}}$$

$$1\,\frac{\text{V}}{\text{cm}} = \frac{1\,\text{V}}{10^{-2}\,\text{m}} = 10^2\,\frac{\text{V}}{\text{m}} = 100\,\frac{\text{V}}{\text{m}}$$

$$10\,\frac{\mu\text{V}}{\text{mm}} = 10 \cdot \frac{10^{-6}\,\text{V}}{10^{-3}\,\text{m}} = 10 \cdot \frac{10^{-3}\,\text{V}}{\text{m}} = 0,01\,\frac{\text{V}}{\text{m}}$$

Aus historischen Gründen ist die Einheit der Masse die einzige Basiseinheit, deren Name einen Vorsatz beinhaltet.

$$10^{-6}\,\text{kg} = 1\,\text{mg}$$

aber nicht

$$1\,\mu\text{kg} \quad \text{(Mikrokilogramm)}$$

Nachfolgend betrachten wir Beispiele für das Rechnen mit Einheiten.

Beispiel 1.4 (Berechnung der Resonanzfrequenz)

Die Resonanzfrequenz eines Parallelschwingkreises berechnet sich nach:

$$f = \frac{1}{2\pi\sqrt{LC}}$$

Berechnen Sie die Resonanzfrequenz f und leiten Sie die Einheit her für $L = 10\,\text{nH}$ und $C = 47\,\text{pF}$.

Beachten Sie, dass $1\,\text{H} = 1\,\text{F}\,\Omega^2 = 1\,\Omega\,\text{s}$ und $1\,\text{F} = \dfrac{\text{C}}{\text{V}}$.

Einheit

$$[f] = \frac{1}{\sqrt{\text{HF}}} = \frac{1}{\sqrt{\Omega\,\text{s} \cdot \dfrac{\text{C}}{\text{V}}}} = \frac{1}{\sqrt{\Omega\,\text{s} \cdot \dfrac{\text{A}\,\text{s}}{\text{V}}}} = \frac{1}{\sqrt{\text{s}^2}} = \frac{1}{\text{s}} = \text{Hz}$$

Resonanzfrequenz

$$f = \frac{1}{2\pi\sqrt{10\cdot 10^{-9}\cdot 47\cdot 10^{-12}\,\text{HF}}} = 232{,}151\,\text{MHz}$$

Beispiel 1.5 (Hallspannung)

An einem Aufzug soll der Abstand der Türen gemessen werden, damit festgestellt werden kann, ob diese richtig geschlossen sind. Für diese Abstandsmessung wird die Hallspannung U_H eines Hallsensors gemessen. Berechnen Sie die Hallspannung U_H und leiten Sie die Einheit her. Für die Hallspannung gilt:

$$U_\text{H} = \frac{1}{ne} \cdot \frac{IB}{d} \quad \text{mit}$$

$e = 1{,}602 \cdot 10^{-19}\,\text{C}$ Elementarladung

$n = 8{,}3 \cdot 10^{20}\,\frac{1}{\text{m}^3}$ Ladungsträgerdichte

$I = 40\,\text{mA}$ Messstrom

$B = 0{,}1\,\text{T}$ magnetische Induktion

$d = 2\,\text{mm}$ Probendicke

$$\text{Einheit „Tesla“} \qquad 1\,\text{T} = 1\,\frac{\text{V}\,\text{s}}{\text{m}^2}$$

Einheit von U_H: $[U_\text{H}] = \dfrac{\text{m}^3\,\text{A}\,\text{T}}{\text{C}\,\text{m}} = \dfrac{\text{A}\,\text{V}\,\text{s}\,\text{m}^3}{\text{m}^2\,\text{A}\,\text{s}\,\text{m}} = \text{V}$

$$U_\text{H} = \frac{1}{8{,}3 \cdot 10^{20} \cdot 1{,}602 \cdot 10^{-19}} \cdot \frac{40 \cdot 10^{-3} \cdot 0{,}1}{2 \cdot 10^{-3}} \cdot \frac{\text{A}\,\text{T}\,\text{m}^3}{\text{C}\,\text{m}}$$

$$U_\text{H} = 0{,}015\,\text{V} = 15\,\text{mV}$$

1.4 Griechische Buchstaben

Tabelle 1.6: Tabelle mit den griechischen Buchstaben

Name	Zeichen (groß)	Zeichen (klein)
Alpha	A	α
Beta	B	β
Gamma	Γ	γ
Delta	Δ	δ
Epsilon	E	ε
Zeta	Z	ζ
Eta	H	η
Theta	Θ	ϑ
Iota	I	ι
Kappa	K	κ
Lambda	Λ	λ
My	M	μ
Ny	N	ν
Xi	Ξ	ξ
Omikron	O	o
Pi	Π	π
Rho	P	ρ
Sigma	Σ	σ
Tau	T	τ
Ypsilon	Y	υ
Phi	Φ	φ
Chi	X	χ
Psi	Ψ	ψ
Omega	Ω	ω

Aufgrund der Vielzahl an Variablen für die Beschreibung naturwissenschaftlicher und technischer Zusammenhänge reichen die Buchstaben des lateinischen Alphabets nicht aus. Daher werden zusätzlich griechische Buchstaben für die eindeutige Beschreibung physikalischer Zusammenhänge genutzt.

1.5 Aufgaben

A 1.1 (Leistungsberechnung)
Ein Auto fährt einen 300 m hohen Berg in einer Zeit $t = 36,5$ s hinauf und leistet dabei eine Arbeit von $W = 2,92 \cdot 10^6$ J. Berechnen Sie die Motorleistung P des Autos.

A 1.2 (Gravitationsgesetz)
Das Gravitationsgesetz gibt die anziehende Kraft zwischen zwei Massen m_1 und m_2 an, die sich im Abstand r zueinander befinden.
Das Gravitationsgesetz lautet: $F = G \cdot \dfrac{m_1 \cdot m_2}{r^2}$, hierbei ist die Gravitationskonstante $G = 6,68 \cdot 10^{-11} \frac{\text{Nm}^2}{\text{kg}^2}$.

Zeigen Sie, dass sich als Einheit der Kraft „Newton" ergibt.

A 1.3 (Schweredruck)
Der Schweredruck $p(h) = \rho_W \cdot g \cdot h$ nimmt linear mit der Wassertiefe h zu. Berechnen Sie den Schweredruck, der auf einen Taucher in 10 m, 20 m und 30 m Wassertiefe einwirkt in den Einheiten „Pa" und „bar".
Für eine grobe Überschlagsrechnung rechnen Sie mit $\rho_W = 1 \frac{\text{g}}{\text{cm}^3}$ und $g = 10 \frac{\text{m}}{\text{s}^2}$.

A 1.4 (Drucksensor)
In einem Datenblatt für einen Drucksensor finden Sie als Angabe für den Druckmessbereich 2,2 psi bis 16,7 psi. Geben Sie den Druckmessbereich in den Einheiten „Pa" und „mbar" an. Rechnen Sie mit 1 psi $= 6894,75729$ Pa und 1 mbar $= 100$ Pa.

A 1.5 (Magnetische Induktion)
Die magnetische Induktion einer langen zylindrischen Spule berechnet sich nach $B = \mu_0\, n\, \dfrac{I}{\ell}$.

Berechnen Sie für folgende Werte die magnetische Induktion B in der Einheit „Tesla":

$n = 1\,000$, $\ell = 15$ cm, $I = 5$ A, $\mu_0 = 1,256 \cdot 10^{-6} \frac{\text{V s}}{\text{A m}}$

A 1.6 (Meilen)
Sie fahren in England 25 Meilen mit Ihrem Auto. Welcher Strecke entspricht dieses in Seemeilen?

A 1.7 (Coulomb-Abstoßung)

Die abstoßende Kraft zwischen zwei gleichnamigen elektrischen Ladungen q_1 und q_2 berechnet sich nach dem Coulomb'schen Gesetz zu $F = \dfrac{1}{4\pi\varepsilon_0} \cdot \dfrac{q_1 \cdot q_2}{r^2}$.

Berechnen Sie die Kraft F und zeigen Sie, dass sich als Einheit für die Kraft „Newton" ergibt.

$q_1 = q_2 = 2{,}5 \cdot 10^{-7}\,\mathrm{A\,s}$, $r = 15\,\mathrm{cm}$, $\varepsilon_0 = 8{,}854 \cdot 10^{-12}\,\frac{\mathrm{F}}{\mathrm{m}}$

A 1.8 (Lichtgeschwindigkeit)

Drücken Sie die Lichtgeschwindigkeit $c_0 = 2{,}997\,924\,58 \cdot 10^8\,\frac{\mathrm{m}}{\mathrm{s}}$ aus in

a) Feet pro Nanosekunde (ft/ns)
b) Millimeter pro Pikosekunde (mm/ps)

A 1.9 (Masse der Erde)

Die Erde besitzt eine Masse von $m = 5{,}98 \cdot 10^{24}\,\mathrm{kg}$. Die Masse der Atome, aus denen die Erde besteht, ist im Mittel gleich $40\,\mathrm{u}$. Wie viele Atome N enthält die Erde?

Atomare Masseneinheit u: $1\,\mathrm{u} = 1{,}660\,566 \cdot 10^{-27}\,\mathrm{kg}$

A 1.10 (Widerstandseinheiten)

Wandeln Sie den Widerstandswert $R = 3{,}15\,\mathrm{k\Omega}$ um in Ω, $\mathrm{m\Omega}$ und $\mathrm{M\Omega}$.

A 1.11 (Kapazitätseinheiten)

Drücken Sie die Kapazitätsangabe $C_0 = 47\,\mathrm{nF}$ in pF, μF, mF und F aus.

1.6 Lösungen

Lösung zu A 1.1 (Leistungsberechnung)

$$P = \frac{W}{t} = \frac{2{,}92 \cdot 10^6}{36{,}5} \frac{\text{J}}{\text{s}} = 80\,000\,\text{W} = 80\,\text{kW}.$$

Lösung zu A 1.2 (Gravitationsgesetz)

$$[F] = \frac{\text{N m}^2}{\text{kg}^2} \frac{\text{kg kg}}{\text{m}^2} = \text{N}$$

Lösung zu A 1.3 (Schweredruck)

$$p(10\,\text{m}) = 1\,000\,\frac{\text{kg}}{\text{m}^3} \cdot 10\,\frac{\text{m}}{\text{s}^2} \cdot 10\,\text{m} = 1 \cdot 10^5\,\frac{\text{kg}}{\text{m s}^2} \quad = 1 \cdot 10^5\,\frac{\text{N}}{\text{m}^2} = 1 \cdot 10^5\,\text{Pa} = 1\,\text{bar}$$

$$p(20\,\text{m}) = 1\,000\,\frac{\text{kg}}{\text{m}^3} \cdot 10\,\frac{\text{m}}{\text{s}^2} \cdot 20\,\text{m} = 2 \cdot 10^5\,\frac{\text{kg}}{\text{m s}^2} \quad = 2 \cdot 10^5\,\frac{\text{N}}{\text{m}^2} = 2 \cdot 10^5\,\text{Pa} = 2\,\text{bar}$$

$$p(30\,\text{m}) = 1\,000\,\frac{\text{kg}}{\text{m}^3} \cdot 10\,\frac{\text{m}}{\text{s}^2} \cdot 30\,\text{m} = 3 \cdot 10^5\,\frac{\text{kg}}{\text{m s}^2} \quad = 3 \cdot 10^5\,\frac{\text{N}}{\text{m}^2} = 3 \cdot 10^5\,\text{Pa} = 3\,\text{bar}$$

Lösung zu A 1.4 (Drucksensor)

$$
\begin{aligned}
1\,\text{psi} &= 6\,894{,}757\,29\,\text{Pa} \\
2{,}2\,\text{psi} &= 2{,}2 \cdot 6{,}8948 \cdot 10^3\,\text{Pa} = 15\,168{,}446\,\text{Pa} \\
16{,}7\,\text{psi} &= 16{,}7 \cdot 6{,}8948 \cdot 10^3\,\text{Pa} = 115\,142{,}4468\,\text{Pa} \\
115\,142{,}4468\,\text{Pa} &= 1\,151{,}424\,468\,\text{mbar}
\end{aligned}
$$

Der Drucksensor kann demnach für Drücke von 15 kPa bis 115 kPa eingesetzt werden.

Lösung zu A 1.5 (Magnetische Induktion)

$$B = 1{,}256 \cdot 10^{-6}\,\frac{\text{V s}}{\text{A m}} \cdot 1\,000 \cdot \frac{5\,\text{A}}{0{,}15\,\text{m}} = 4{,}1867 \cdot 10^{-2}\,\frac{\text{V s}}{\text{m}^2} = 4{,}1867 \cdot 10^{-2}\,\text{T}$$

$$= 41{,}867\,\text{mT}$$

Lösung zu A 1.6 (Meilen)

$$25\,\text{mil} = 25 \cdot 1{,}609\,344\,\text{km} = 40{,}2336\,\text{km}$$

$$40{,}2336\,\text{km} = 40{,}2336\,\frac{1}{1{,}852}\,\text{sm} = 21{,}7244\,\text{sm}$$

Lösung zu A 1.7 (Coulomb-Abstoßung)

$$F = \frac{1}{4\,\pi \cdot 8{,}854 \cdot 10^{-12}} \frac{\left(2{,}5 \cdot 10^{-7}\right)^2}{0{,}15^2} \frac{(\mathrm{A\,s})^2\,\mathrm{m}}{\mathrm{F\,m^2}} = 0{,}025 \frac{(\mathrm{A\,s})^2\,\mathrm{V}}{\mathrm{A\,s\,m}}$$

$$= 0{,}025 \frac{\mathrm{A\,s\,kg\,m^2}}{\mathrm{A\,s^3\,m}} = 0{,}025 \frac{\mathrm{kg\,m}}{\mathrm{s^2}} = 0{,}025\,\mathrm{N}$$

Lösung zu A 1.8 (Lichtgeschwindigkeit)

a) $c_0 = 2{,}997\,924\,58 \cdot 10^8\,\frac{\mathrm{m}}{\mathrm{s}} = 2{,}997\,924\,58 \cdot 10^8 \cdot \frac{3{,}2808}{10^9}\,\frac{\mathrm{ft}}{\mathrm{ns}} = 0{,}983\,559\,\frac{\mathrm{ft}}{\mathrm{ns}}$

b) $c_0 = 2{,}997\,924\,58 \cdot 10^8 \cdot \frac{10^3}{10^{12}}\,\frac{\mathrm{mm}}{\mathrm{ps}} = 0{,}299\,792\,458\,\frac{\mathrm{mm}}{\mathrm{ps}}$

Lösung zu A 1.9 (Masse der Erde)

$$N = \frac{5{,}98 \cdot 10^{24}}{40 \cdot 1{,}660\,566 \cdot 10^{-27}}\,\frac{\mathrm{kg}}{\mathrm{kg}} \approx 9 \cdot 10^{49}\,\text{Atome}$$

Lösung zu A 1.10 (Widerstandseinheiten)

$$3{,}15\,\mathrm{k\Omega} = 3\,150\,\Omega = 3\,150\,000\,\mathrm{m\Omega} = 0{,}003\,15\,\mathrm{M\Omega}$$

Lösung zu A 1.11 (Kapazitätseinheiten)

$$47\,\mathrm{nF} = 47\,000\,\mathrm{pF} = 0{,}047\,\mu\mathrm{F} = 0{,}000\,047\,\mathrm{mF} = 0{,}000\,000\,047\,\mathrm{F} = 4{,}7 \cdot 10^{-8}\,\mathrm{F}$$

2 Fehler einer Messung / Messfehler

In allen naturwissenschaftlichen und technischen Bereichen werden durch Messungen die Werte von physikalischen, technischen oder chemischen Größen ermittelt. Es werden dabei spezielle Messmethoden und Messinstrumente genutzt. Jede Messung ist mit einem Fehler behaftet und das Ziel der modernen Fehlerrechnung ist es, zum einen die Größe des Fehlers zu bestimmen und zum anderen Methoden zur Reduzierung der Abweichungen abzuleiten.

2.1 Systematische Abweichungen und zufällige Abweichungen

Wird die Bestimmung einer Messgröße (z.B. Länge, Kraft, Zeit, ...) mehrfach durchgeführt, sei es an demselben Messobjekt oder an mehreren gleichartigen Messobjekten, so werden die dabei beobachteten Messwerte in der Regel voneinander abweichen. Grundsätzlich ist jede Messung einer physikalischen Größe mit Fehlern behaftet, wobei nach DIN1319 [DIN96] besser von Abweichungen bei Messwerten oder von Unsicherheit bei den Messergebnissen gesprochen werden sollte. Jede Messung ist also mit einem Fehler behaftet, der ihre Abweichung von der (meist unbekannten) Messgröße beschreibt. Bei der Durchführung einer Messung können prinzipiell zwei Arten von Messfehlern auftreten:

Systematische Abweichung & *zufällige Abweichungen*

Systematische Abweichungen (sie wurden früher als „systematische Fehler" bezeichnet) führen zu einer nach Betrag und Vorzeichen einseitigen Abweichung der Messwerte von der Messgröße, so dass das Ergebnis entweder zu klein oder zu groß ausfällt. Sie werden hervorgerufen durch

- Ungenaue Messmethoden
- Erfassbare persönliche Fehler des Beobachters (z.B. Parallaxe [1], Zählfehler)
- Eine falsche Kalibrierung oder Eichung von Messinstrumenten oder fehlerhafte Messinstrumente

---

[1]Parallaxenfehler können beim Ablesen eines Messwertes vom einem Zeigerinstrument entstehen. Alle Werte werden unter einem bestimmten Winkel und daher einseitig verfälscht abgelesen.

- Elektrische und magnetische Streufelder
- Einfluss des Messgerätes auf das Messobjekt

Systematische Abweichungen müssen besonders sorgfältig aufgespürt und besei-
tigt werden. Dieses kann durch eine gewissenhafte Vorbereitung und präzise Durchführung der Messungen (z.B. hochwertige Messinstrumente) erreicht werden.
Zufällige oder statistische Fehler führen zu einer nach Betrag und Vorzeichen
nur vom Zufall abhängigen Streuung der einzelnen Messwerte, d.h. sie sind stets
regellos verteilt. Zufällige Fehler werden dadurch hervorgerufen, dass sich

- die persönlichen Beobachtungsverhältnisse (z.B. Reaktionszeit, mangelnde
  Sehschärfe)
- Messinstrumente (Wechseln des Gerätes, Bereichsumschaltung)
- Umweltbedingungen (z.B. geringfügige Schwankungen der Temperatur, des
  Luftdrucks, der Spannungsversorgung oder Erschütterungen)
- Ungeschicklichkeit beim Messen und Ablesen

während der Messung ändern.

Diese zufälligen Messabweichungen unterliegen als unkontrollierbare und stets
regellos auftretende Abweichungen den Gesetzmäßigkeiten der mathematischen
Statistik. Sie werden daher auch als statistische Messabweichungen bezeichnet
[Pap01a].
Hier liegt als erstes der Gedanke nahe, zufällige Fehler durch eine Verbesserung
der Messverfahren und Messinstrumente zu vermeiden. Dieses erhöht zwar die
Verlässlichkeit der Messungen, der Einfluss der Zufallsfehler kann reduziert wer-
den, doch jedes Gerät hat eine Grenze der Messgenauigkeit, an der dann die zufäl-
ligen Fehler auftreten.
Die Aufgabe der Fehlerrechnung besteht darin, aus den Messwerten die beste
Schätzung für die Messgröße zu ermitteln und gleichzeitig ein Maß für die Unsicherheit dieser Schätzung, also die Genauigkeit anzugeben.

2.2 Mittelwert, Standardabweichung, Varianz

Wird eine Messgröße x nur durch eine einzige Messung x_1 ermittelt, so ist in diesem Fall der Messfehler zu schätzen.

Beispiel 2.1 (Längenmessung eines Stabes mit einem Lineal)
Mit einem Lineal mit 1 mm-Teilstrichen kann erkannt werden, ob sich das Ende des Stabes genau auf einem mm-Teilstrich oder irgendwo dazwischen befindet, d.h. die Ablesegenauigkeit beträgt $0,5\,\text{mm}$.

Gemessener Wert: $x_1 = 150\,\text{mm}$
Geschätzter Fehler: $\Delta x = 0,5\,\text{mm}$

Obiger geschätzter Fehler ist bedingt durch die endliche Ablesegenauigkeit des Lineals. Somit lautet das Messergebnis:

$$x = x_1 \pm \Delta x = (150 \pm 0,5)\,\text{mm}$$

oder

$$x = 150\,\text{mm} \pm 0,5\,\text{mm} = 150\,\text{mm}\,(1 \pm 0,33\,\%)$$

Als Ergebnis einer Messung muss der Messwert und der Messfehler mit einer Einheit angegeben sein:

$$x = (\{x\} \pm \{\Delta x\})\,[x] \qquad \text{oder} \qquad x = \{x\}\,[x] \pm \{\Delta x\}\,[x]$$

$$x = \{x\}\,[x]\left(1 \pm \frac{\{\Delta x\}}{\{x\}}\right)$$

Maßzahl: $\{x\}$
Fehler: Δx
Maßeinheit: $[x]$

$$\textbf{Beispiele} \qquad v = (50 \pm 5)\,\frac{\text{km}}{\text{h}}$$

$$v = 50\,\frac{\text{km}}{\text{h}} \pm 5\,\frac{\text{km}}{\text{h}}$$

Die Genauigkeit der Messung wird dann angegeben durch die Zahl der Dezimalstellen, die nach dem Dezimalkomma aufgeführt sind. Es wird hier von **signifikanten (gültigen) Stellen** gesprochen. In Kapitel 2.4 wird hierauf näher eingegangen.
Um die Zuverlässigkeit der Messgröße x zu erhöhen, werden die Messungen in
Form einer **Messreihe** aus N Einzelmessungen x_i durchgeführt. Auch bei einer
wiederholten Messung der Größe x ergeben sich daher Messergebnisse, die voneinander abweichen. Als erste beste Schätzung für die Messgröße kann das **arith-
metische Mittel**, kurz **Mittelwert** $\bar{x}$ genannt, gebildet werden.

$$\bar{x} = \frac{1}{N} \sum_{i=1}^{N} x_i \qquad \text{Arithmetischer Mittelwert}$$

Die N Messwerte x_1, x_2, ..., x_N werden aufsummiert und durch die Anzahl N der
Messungen dividiert. Für ein aussagekräftiges Ergebnis sollten eine größere An-
zahl gleichartiger Messungen (mindestens 10) durchgeführt werden. Je mehr Ein-
zelmessungen vorliegen, um so genauer wird der Mittelwert sein.
Die Messwerte x_i liegen dann unterhalb und oberhalb dieses Mittelwertes $\bar{x}$. Ein
Maß für die Streuung könnte im einfachsten Fall die Summe aller Abweichun-
gen vom Mittelwert darstellen. Für den arithmetischen Mittelwert gilt, dass diese
Summe verschwindet [Pap01b, Wel77]:

$$\sum_{i=1}^{N} \Delta x_i = \sum_{i=1}^{N} (x_i - \bar{x}) = 0$$

Die positiven und negativen Abweichungen vom Mittelwert heben sich also auf.
Wird jedoch das Quadrat der Abweichungen gebildet, so ergeben sich nur positive
Werte und deren Summe verschwindet nicht mehr. Diese Methode geht auf Gauß
zurück und in der Praxis werden als Maße für die Streuung der Messwerte um den
Mittelwert die Größen **Standardabweichung** s und **Varianz** s^2 bestimmt.
Die Varianz s^2 ist der Mittelwert der quadrierten Abweichungen vom Mittelwert:

$$s_N^2 = \frac{1}{N} \sum_{i=1}^{N} (x_i - \bar{x})^2 \qquad \textbf{Varianz } \boldsymbol{s^2}$$

Eine kleine Varianz bedeutet demnach, dass die meisten Werte in der Nähe des
Mittelwertes $\bar{x}$ liegen, und dass größere Abweichungen vom Mittelwert mit einer
geringeren Wahrscheinlichkeit auftreten.

Die Varianz hat als Einheit das Quadrat der gemessenen physikalischen Größe. Ein Abweichungsmaß von der gleichen Dimension wie die Messgrößen erhalten wir, indem wir aus der Varianz die Wurzel ziehen. Dieses Maß heißt **Standardabweichung** s.

Für $(N > 1)$ gilt $\qquad s_N = +\sqrt{\dfrac{1}{N}\sum_{i=1}^{N}(x_i - \bar{x})^2}$ **Standardabweichung** s

In der Praxis werden vorwiegend die folgenden Maßzahlen für die Varianz und die Standardabweichung berechnet:

$$\text{Varianz } s^2 \qquad s_{N-1}^2 = \frac{1}{N-1}\sum_{i=1}^{N}(x_i - \bar{x})^2$$

$$\text{Standardabweichung } s \qquad s_{N-1} = +\sqrt{\frac{1}{N-1}\sum_{i=1}^{N}(x_i - \bar{x})^2}$$

Anstelle des Faktors $\frac{1}{N}$ wird der Faktor $\frac{1}{N-1}$ benutzt. Eine exakte Herleitung dieser wichtigen Formeln ist hier nicht geboten. Sie erfordert einen weiterführenden Einstieg in die Statistik und Wahrscheinlichkeitsrechnung, die in der einschlägigen Literatur zu finden ist [Pap01b, Wel77, Are08, Zur84].

Hier sei angemerkt, dass für eine hinreichend große Anzahl an Messdaten N die Werte für die Varianz bzw. die Standardabweichung (bzgl. 'N' oder 'N-1') nahezu gleich sind. Anschaulich kann man sich vorstellen, dass die Division durch (N-1) anzeigt, dass die Standardabweichung im Falle einer einzigen Messung unbestimmt ist. Es sind immer mindestens zwei Messwerte notwendig, um einen Mittelwert ausrechnen zu können.

Die meisten Taschenrechner erlauben, den Mittelwert, die Varianz und die Standardabweichung mit wenigen Tastendrücken auszurechnen.

Es bleibt anzumerken, dass die Größen s_{N-1}^2 und s_{N-1} nur eine zuverlässige Bedeutung haben, wenn die Messwerte rein zufällig streuen. Mathematisch ausgedrückt heißt dieses, dass die Messwerte gemäß der Normalverteilung (auch Gauß-Verteilung genannt) um den Mittelwert angeordnet sich. Es weichen dann 68 % der Messwerte nicht mehr als *eine* Standardabweichung s nach oben oder nach unten vom Mittelwert ab. Hierauf wird in Kapitel 7 näher eingegangen.

Werden in der Praxis mehrere Messreihen mit jeweils N Messpunkten durchgeführt, so werden die Mittelwerte der einzelnen Messreihen voneinander abweichen. Sie streuen um den „wahren" Wert, wobei die Streuung der Mittelwerte geringer ist, als die der Einzelwerte. Es lässt sich zeigen, dass die **Standardabweichung des Mittelwertes** $s_{\overline{x}}$

$$s_{\overline{x}} = \frac{s}{\sqrt{N}} = +\sqrt{\frac{1}{N(N-1)} \sum_{i=1}^{N} (x_i - \overline{x})^2}$$ **Standardabweichung des Mittelwertes**

beträgt [Pap01b, Pap01a].

Beispiel 2.2

Der Durchmesser einer Cu-Leitung wurde 12-mal gemessen und es ergibt sich folgendes Ergebnis:

$$\text{Arithmetischer Mittelwert} \qquad \overline{d} = 1{,}612\,\text{mm}$$
$$\text{Standardabweichung} \qquad s = 0{,}085\,\text{mm}$$
$$N = 12$$

Für die Standardabweichung des Mittelwertes errechnet sich hieraus:

$$s_{\overline{d}} = \frac{s}{\sqrt{N}} = \frac{0{,}085}{\sqrt{12}}\,\text{mm} = 0{,}0245\,\text{mm}$$

$$\text{Somit} \qquad \overline{d} = (1{,}612 \pm 0{,}025)\,\text{mm}$$

2.3 Absolute und relative Fehler

Die Berechnung der Standardabweichung s führt zu einem Zahlenwert, der die Größe der Abweichung beschreibt, mit einer Einheit, welche mit der Einheit des Messwertes übereinstimmt. Hierbei handelt es sich um den sogenannten **absoluten Fehler εx**. Die Schreibweise mit dem griechischen Buchstaben „ε" vor dem Variablennamen ist üblich und ist ein Vorgriff auf die Gauß'sche Fehlerfortpflanzung (Kapitel 3).

Der **relative Fehler δx** (mit dem griechischen Buchstaben „δ" vor dem Variablennamen) errechnet sich dann mittels

$$\delta x = \frac{\varepsilon x}{\overline{x}}$$

Dann ist der relative Messfehler in Prozent, also der prozentuale Fehler $\delta x_{\%}$ gleich dem Verhältnis des Messfehlers zum gemessenen Wert (oder Mittelwert) multipliziert mit 100.

$$\delta x_{\%} = \delta x \cdot 100 = \frac{\varepsilon x}{\overline{x}} \cdot 100\%$$

Beispiel 2.3
Erdbeschleunigung $g = (9{,}78 \pm 0{,}05)\,\frac{m}{s^2} = 9{,}78\,\frac{m}{s^2} \pm 0{,}05\,\frac{m}{s^2}$

oder $g = 9{,}78\,\frac{m}{s^2}(1 \pm 0{,}51\,\%)$

Es ist zu beachten, dass neben der Einheit auch die Zahl der Dezimalstellen von Messwert und absolutem Fehler übereinstimmen. Falsch ist demnach z.B. die Angabe:

$$g = (9{,}7834 \pm 0{,}05)\,\frac{m}{s^2} \qquad \text{FALSCH!}$$

Beispiel 2.4
Für die Brennweite einer Linse wurden in 10 Messungen die folgenden Werte ermittelt:

Messung i	1	2	3	4	5	6	7	8	9	10
f / mm	125,5	123,1	126,7	128,2	122,9	124,0	126,5	125,1	128,1	122,8

Berechnen Sie den Mittelwert, die Varianz und die Standardabweichung der Brennweite.

Mittelwert:	$\overline{f} = 125{,}29\,\text{mm}$
Varianz:	$s^2 = 4{,}2521\,\text{mm}^2$
Standardabweichung:	$s = 2{,}0621\,\text{mm}$
Fehler des Mittelwertes:	$s_{\overline{f}} = \dfrac{s}{\sqrt{N}} = 0{,}6521\,\text{mm}$
Endangabe des Messergebnisses:	$f = (125{,}3 \pm 0{,}7)\,\text{mm}$

Beispiel 2.5

Gegeben ist die folgende Messreihe zur Bestimmung der Erdbeschleunigung g. Berechnen Sie den Mittelwert und die Standardabweichung. Geben Sie das Ergebnis in korrekter Form mit absoluten und relativen Fehlern an.

Messung i	1	2	3	4	5	6	7	8	9
$g\ /\ \frac{\text{m}}{\text{s}^2}$	9,78	9,83	9,82	9,80	9,82	9,84	9,76	9,77	9,82

Mittelwert:	$\overline{g} = 9{,}804\,444\,444\,\frac{\text{m}}{\text{s}^2}$
Varianz:	$s^2 = 0{,}000\,803\,\frac{\text{m}^2}{\text{s}^4}$
Standardabweichung:	$s = 0{,}0283\,\frac{\text{m}}{\text{s}^2}$
Relativer Fehler:	$\delta g = 0{,}29\,\%$
Endangabe des Messergebnisses:	$g = (9{,}80 \pm 0{,}03)\,\frac{\text{m}}{\text{s}^2}$

Beispiel 2.6

Aus einer Produktion von Kondensatoren wurden in der Qualitätsabteilung sechs Kondensatoren entnommen und die Kapazität gemessen. Berechnen Sie den Mittelwert, die Standardabweichung und den relativen Fehler.

Messung i	1	2	3	4	5	6
$C\ /\ \mu\text{F}$	50,50	50,90	50,10	51,80	49,70	50,30

Mittelwert:	$\overline{C} = 50{,}55\,\mu\text{F}$
Standardabweichung:	$s = 0{,}73\,\mu\text{F}$
Relativer Fehler:	$\delta C = 0{,}0145 = 1{,}45\,\%$
Endangabe des Messergebnisses:	$C = (50{,}55 \pm 0{,}73)\,\mu\text{F}$

2.4 Signifikante Stellen

Wenn Sie den Mittelwert $\overline{g}$ im Beispiel 2.5 mit ihrem Taschenrechner berechnen, ohne dass eine automatische Abrundung eingestellt ist, so zeigt der Taschenrechner im Display den Wert $g = 9{,}804\,444\,444$ an. Die Genauigkeit, die diese Zahl auf den ersten Blick vorgibt, ist in Wirklichkeit nicht gegeben. Daher wurde das Ergebnis in dem Beispiel auf $9{,}81\,\frac{\text{m}}{\text{s}^2}$ gerundet, damit nicht der Eindruck entsteht, als sei der errechnete Wert genauer als die gegebenen Datenwerte. Das Ergebnis ist also auf die sogenannten **signifikanten Stellen** oder **gültigen Stellen** gerundet. **Jede zuverlässig bekannte Stelle mit Ausnahme der Nullen, die die Position des Dezimalkommas angeben, wird signifikante Stelle genannt.**

Beispiel 2.7

2,50 m	drei signifikante Stellen
2,503 m	vier signifikante Stellen
0,001 03 m	drei signifikante Stellen, da die ersten drei Nullen lediglich die Lage des Kommas anzeigen. Exponentialschreibweise $1{,}03 \cdot 10^{-3}$ m
3500,0	vier signifikante Stellen
3500	da kein Komma angegeben ist, können nur zwei, aber ebenso vier signifikante Stellen vorliegen

Für Zahlen mit nachstehenden Nullen und ohne Komma ist demnach die Anzahl der signifikanten Stellen nicht eindeutig bestimmt.

An dieser Stelle hilft die wissenschaftliche Schreibweise weiter, in der Zahlen in Potenzen von Zehn notiert werden:

Beispiele

53800	als	$5{,}38 \cdot 10^4$	oder
0,000 48	als	$4{,}8 \cdot 10^{-4}$	

In dieser Schreibweise lässt sich die zuvor aufgezeigte Mehrdeutigkeit vermeiden. Hat die Zahl drei signifikante Stellen, so schreiben wir $5{,}38 \cdot 10^4$, hat sie hingegen vier signifikante Stellen, so wird sie als $5{,}380 \cdot 10^4$ angegeben.

In der Praxis besteht ein häufig vorkommender Fehler darin, dass mehr Dezimalstellen angegeben werden, als die Messgenauigkeit rechtfertigt.

Beispiel 2.8

Sie möchten die Fläche F eines kreisförmigen Rasenspielfeldes ermitteln, um zu entscheiden, welche Größe ihr neuer Rasenmäher haben soll. Dazu schreiten sie den Durchmesser ab und erhalten $14\,\text{m}$. Mit einem zwölfstelligen Taschenrechner wird nun die Fläche F ermittelt.

$$F = \pi \left(\frac{d}{2}\right)^2 = \pi \left(\frac{14}{2}\,\text{m}\right)^2 = 153{,}938\,040\,026\,\text{m}^2$$

Die Nachkommastellen vermitteln einen völlig falschen Eindruck von der Genauigkeit, mit der der Flächeninhalt ermittelt wurde.

Beim Abschreiten des Durchmessers kann die Genauigkeit bestenfalls $1{,}0\,\text{m}$ betragen, d.h. die tatsächlichen Durchmesser könnte zwischen $13{,}0\,\text{m}$ und $15{,}0\,\text{m}$ liegen.

$$F_1 = \pi \left(\frac{13}{2}\,\text{m}\right)^2 = 132{,}732\,289\,614\,\text{m}^2$$

$$F_2 = \pi \left(\frac{15}{2}\,\text{m}\right)^2 = 176{,}714\,586\,764\,\text{m}^2$$

Mit dieser Messmethode liegt die wahre Fläche des Rasens zwischen $132\,\text{m}^2$ und $176\,\text{m}^2$. Die Nachkommastellen sind hier bedeutungslos!

Allgemeine Regeln:

Das Ergebnis einer Addition oder Subtraktion zweier Zahlen besitzt keine signifikanten Stellen nach der letzten Dezimalstelle, die für beide Ausgangszahlen signifikant ist.

Beispiel 2.9

Die Summe von $1{,}022$ (vier signifikante Stellen) und $0{,}314\,32$ (fünf signifikante Stellen) ist:

$$1{,}022 + 0{,}314\,32 = 1{,}336 \qquad \text{(vier signifikante Stellen)}$$

Die Anzahl der signifikanten Stellen im Ergebnis einer Multiplikation oder Division ist nie größer als die kleinste Anzahl der signifikanten Stellen aller Faktoren.

$$1{,}002 \cdot 0{,}314\,32 = 0{,}3212$$

Abschließend bleibt anzumerken, dass die Regeln der signifikanten Stellen nur näherungsweise gelten. Gibt es keine realistische Abschätzung des Messfehlers, so ist es sinnvoll, wenn eine zusätzliche Stelle hinzugefügt wird [Gia10].

2.5 Aufgaben

A 2.1 (Widerstandsbereich)
Ein Widerstand von $R = 2200\,\Omega$ hat nach der E24-Reihe eine Genauigkeit von 5%. In welchem Bereich darf der elektrische Widerstand liegen?

A 2.2 (Preisnachlass)
Sie kaufen ein Fernsehgerät für $555\,€$ und erhalten bei Barzahlung einen Nachlass von $25\,€$. Wieviel Prozent Nachlass haben Sie erhalten?

A 2.3 (Federpendel)
Für ein Federpendel wurde die Schwingungsdauer 10-mal gemessen.

	1	2	3	4	5	6	7	8	9	10
T / s	1,22	1,25	1,2	1,24	1,19	1,24	1,2	1,26	1,18	1,21

Berechnen Sie den Mittelwert, die Varianz, die Standardabweichung und den relativen Fehler.

A 2.4 (Angabe signifikanter Stellen)
Wie viele signifikante Stellen hat jede der folgenden Zahlen?
a) 7,86   b) 8,9004   c) 0,341   d) 44   e) 4521   f) 4521,0   g) 0,00547

A 2.5 (Signifikante Stellen, Multiplikation)
Multiplizieren Sie $4{,}183 \cdot 10^2$ mit $0{,}042 \cdot 10^{-1}$ unter Beachtung der signifikanten Stellen.

A 2.6 (Signifikante Stellen, Addition)
Addieren Sie $5{,}2 \cdot 10^4 + 8{,}1 \cdot 10^5 + 0{,}0092 \cdot 10^6$ unter der Beachtung der signifikanten Stellen.

A 2.7 (Relativer Fehler)
Wie groß ist der relative Messfehler für das Volumen einer Kugel mit dem Radius $r = (4{,}96 \pm 0{,}15)\,\text{cm}$?

A 2.8 (Abstandssensor)

In einer automatischen Tür ist ein induktiver Sensor eingebaut, der den Abstand zwischen Tür und Rahmen bestimmt. Es ergeben sich folgende gemessene Abstände:

Messung i	1	2	3	4	5	6	7	8	9	10
Abstand d / mm	1,08	1,19	1,01	1,21	1,15	1,14	1,18	1,19	1,20	1,17

Berechnen Sie den Mittelwert und die Standardabweichung.

A 2.9 (Polytropenexponent)

Es wurden 10 Messungen zur Bestimmung des Polytropenexponenten K durchgeführt:

Messung i	1	2	3	4	5	6	7	8	9	10
K	1,317	1,336	1,360	1,312	1,395	1,415	1,390	1,420	1,299	1,400

Berechnen Sie den Mittelwert $\overline{K}$, die Standardabweichung $s = \varepsilon K$ und den prozentualen Fehler δK.

A 2.10 (Längenmessung)

Die Länge L eines Stabes wird achtmal $(N = 8)$ gemessen:

Messung i	1	2	3	4	5	6	7	8
Länge L / cm	23,4	22,8	24,1	23,6	23,9	23,1	23,3	24,0

Berechnen Sie den Mittelwert $\overline{L}$, die Standardabweichung $s = \varepsilon L$ und den prozentualen Fehler δL. Geben Sie das Ergebnis mit Einheit und angemessener Stellenzahl an

2.6 Lösungen

Lösung zu A 2.1 (Widerstandsbereich)

Mit $\qquad \delta R_\% = 5\%$ $\qquad$ folgt $\qquad \varepsilon R = \dfrac{\delta R_\%}{100} \cdot R = 110\,\Omega$

Der Widerstand liegt somit im Bereich $2\,090\,\Omega$ bis $2\,310\,\Omega$.

Lösung zu A 2.2 (Preisnachlass)

$$\delta x_\% = \frac{\varepsilon x}{x} \cdot 100\% = \frac{25}{555} \cdot 100\% = 4{,}5\%$$

Lösung zu A 2.3 (Federpendel)

Mittelwert $\qquad\qquad\qquad \overline{T} = 1{,}219\,\mathrm{s}$

Varianz $\qquad\qquad\qquad\quad s^2 = 7{,}43 \cdot 10^{-4}\,\mathrm{s}^2$

Standardabweichung $\qquad\quad s = 0{,}027\,26\,\mathrm{s}$

Relativer Fehler $\qquad\qquad \delta T = \dfrac{0{,}027\,36}{1{,}219} \cdot 100\% = 2{,}24\%$

Somit ergibt sich $\qquad\qquad T = (1{,}22 \pm 0{,}03)\,\mathrm{s}$

Lösung zu A 2.4 (Angabe signifikanter Stellen)

a) 3 signifikante Stellen $\qquad$ b) 5 signifikante Stellen

c) 3 signifikante Stellen $\qquad$ d) 2 signifikante Stellen

e) 4 signifikante Stellen $\qquad$ f) 5 signifikante Stellen

g) 3 signifikante Stellen

Lösung zu A 2.5 (Signifikante Stellen, Multiplikation)

$4{,}183 \cdot 10^2 \cdot 0{,}042 \cdot 10^{-1} = 1{,}7569 = 1{,}8$

Lösung zu A 2.6 (Signifikante Stellen, Addition)

Alle Summanden haben 2 signifikante Stellen.

$5{,}2 \cdot 10^4 + 8{,}1 \cdot 10^5 + 0{,}0092 \cdot 10^6 = 8{,}7 \cdot 10^5$

Lösung zu A 2.7 (Relativer Fehler)

Kugelvolumen: $V = \dfrac{4}{3}\pi r^3$

Mögliche Radien: $r_1 = 4,81\,\text{cm},\ r_2 = 5,11\,\text{cm}$

$$V = \frac{4}{3}\pi\,(4,96)^3\ \text{cm}^3 = 511,1\,\text{cm}^3$$

$$V_1 = \frac{4}{3}\pi\,(4,81)^3\ \text{cm}^3 = 466,2\,\text{cm}^3 \qquad V_2 = \frac{4}{3}\pi\,(5,11)^3\ \text{cm}^3 = 558,9\,\text{cm}^3$$

$$\Delta V = 92,7\,\text{cm}^3$$

relativer Fehler: $\delta V = \dfrac{\Delta V/2}{V} = 0,09 = 9\,\%$

Anmerkung: In der Praxis wird ΔV nicht angegeben, da diese maximale Abweichung selten ist. Siehe hierzu Kapitel 7.

Lösung zu A 2.8 (Abstandssensor)

Mittelwert: $\overline{d} = 1,152\,\text{mm}$

Standardabweichung: $s = 0,0625\,\text{mm}$

Somit folgt: $d = (1,15 \pm 0,06)\,\text{mm}$

Lösung zu A 2.9 (Polytropenexponent)

Mittelwert: $\overline{K} = 1,364$

Absoluter Fehler, Standardabweichung: $\varepsilon K = 0,045$

Prozentualer Fehler: $\delta K = \dfrac{\varepsilon K}{K} \cdot 100\,\% = 3,3\,\%$

Lösung zu A 2.10 (Längenmessung)

Mittelwert: $\overline{L} = 23,525\,\text{cm}$

Absoluter Fehler, Standardabweichung: $\varepsilon L = 0,459\,\text{cm}$

Prozentualer Fehler: $\delta L = \dfrac{\varepsilon L}{L} \cdot 100\,\% = 1,951\,\%$

Ergebnis: $L = (23,5 \pm 0,5)\,\text{cm} = 23,5\,\text{cm}\,(1 \pm 2\,\%)$

3 Fehlerfortpflanzung

In Kapitel 2 haben wir den Mittelwert und die Standardabweichung für eine einzelne Größe bestimmt. In den meisten Fällen lassen sich physikalische und technische Größen nicht direkt messen, sondern es werden zwei oder mehrere Größen gemessen, aus denen dann die gesuchte Größe berechnet wird. Die physikalischen Größen, die sich direkt messen lassen, sind die sogenannten *Grundgrößen*, z.B. die Länge, die Zeit, die Masse. Als *abgeleitete Größen* werden die Größen bezeichnet, die sich nur aus anderen gemessenen Größen berechnen lassen, wie z.B. die Geschwindigkeit, die Beschleunigung, das spezifische Gewicht. Jede Einzelmessung ist mit einem Fehler behaftet und es stellt sich die Frage, wie sich diese Fehler auf das Endergebnis niederschlagen. Systematische Fehler können sich im ungünstigsten Fall aufaddieren und bei zufälligen Fehlern kann man davon ausgehen, dass sie sich zumindest zum Teil gegenseitig aufheben. Mit der Frage, wie sich Einzelfehler auf das Endergebnis fortpflanzen, beschäftigt sich die Fehlerfortpflanzung.

3.1 Gaußsches Fehlerfortpflanzungsgesetz

Die wenigsten physikalischen und technischen Größen werden direkt, sondern in den meisten Fällen aus mehreren Einzelmessungen bestimmt. Wie gehen die Fehler dieser Einzelmessungen in den Gesamtfehler des Endergebnisses ein? Betrachten wir als einführendes Beispiel die Bestimmung der Geschwindigkeit v in Abhängigkeit von der Zeit t bei bekannter Beschleunigung a.

Beispiel 3.1

$$v = a \cdot t \qquad\qquad \text{mit} \qquad a = (2{,}15 \pm 0{,}25)\,\frac{\text{m}}{\text{s}^2}$$

$$t = (5{,}5 \pm 0{,}1)\,\text{s}$$

$$\text{folgt} \qquad v = 11{,}825\,\frac{\text{m}}{\text{s}}$$

Wie groß ist der Fehler der berechneten Geschwindigkeit?

Größter Wert $\qquad v_{max} = (2{,}15 + 0{,}25) \cdot (5{,}5 + 0{,}1) \; \dfrac{m}{s}$

$\qquad\qquad\qquad\qquad v_{max} = 13{,}44 \; \dfrac{m}{s}$

Kleinster Wert $\qquad v_{min} = (2{,}15 - 0{,}25) \cdot (5{,}5 - 0{,}1) \; \dfrac{m}{s}$

$\qquad\qquad\qquad\qquad v_{min} = 10{,}26 \; \dfrac{m}{s}$

Der Fehler der Geschwindigkeit entspricht der Hälfte des Intervalls zwischen dem größten und kleinsten Wert.

$$\Delta v = \varepsilon v = \frac{1}{2}\,(13{,}44 - 10{,}26)\;\frac{m}{s} = 1{,}59\;\frac{m}{s}$$

Endergebnis: $\qquad v = (11{,}83 \pm 1{,}59)\;\dfrac{m}{s}$

Dieses Verfahren ist für komplexe Messgrößen sehr unübersichtlich und aufwändig. In der Praxis wird daher das *Gauß'sche Fehlerfortpflanzungsgesetz* angewandt, wobei vielfach die Bestimmung des *Größtfehlers* (Kapitel 3.2) ausreichend ist. Betrachten wir als Beispiel die spezifische Dichte ρ, die aus den Messgrößen Masse m und Volumen V errechnet wird.

$$\rho = \frac{m}{V} \tag{3.1}$$

Bei der Ermittlung der Messgrößen Masse und Volumen treten Fehler auf, d.h. es lässt sich jeweils ein Mittelwert mit einer dazugehörigen Standardabweichung bestimmen.

$$m \pm \varepsilon m \quad \text{und} \quad V \pm \varepsilon V \quad \Rightarrow \quad \varepsilon \rho = ?$$

Es bleibt dann die Frage nach der Unsicherheit, also der Abweichung (zufälliger Fehler) der spezifischen Dichte ρ, herrührend aus den Fehlern dieser Mittelwerte. Darüber gibt das *Gaußsche Fehlerfortpflanzungsgesetz* Auskunft. Wir beginnen mit der allgemeinen Betrachtung. Ist ganz allgemein die zu berechnende Messgröße y eine Funktion der Messgrößen x_1, x_2, x_3, ...x_N, also

$$y = F\,(x_1, x_2, x_3, ..., x_N)$$

und sind die N Messgrößen x_i voneinander unabhängig und die Messwerte x_i jeder Messreihe normalverteilt, so beträgt die *Standardabweichung εy (der absolute Fehler)* des Messergebnisses y:

$$\varepsilon y = \pm \sqrt{\sum_{i=1}^{N}\left(\frac{\partial F}{\partial x_i}\,\varepsilon x_i\right)^2} \tag{3.2}$$

Dabei ist $\frac{\partial F}{\partial x_i}$ die sogenannte partielle Ableitung der Funktion $F(x_1, x_2, x_3, ..., x_N)$ an der Stelle x_i. Nach diesem Fehlerfortpflanzungsgesetz ist es sinnvoll, wie auch die nachfolgenden Beispiele zeigen, die zufälligen Fehler gleichmäßig auf alle Messgrößen x_i zu verteilen. Dieses ist bei der Planung eines Experimentes oder Produktionsprozesses zu beachten.

Beispiel 3.2
Ein metallischer Würfel mit der Masse $m \pm \varepsilon m = (72 \pm 1)\,\text{g}$ hat ein Volumen von $V \pm \varepsilon V = (8 \pm 0,1)\,\text{cm}^3$. Berechnen Sie die Dichte ρ und geben Sie an, aus welchem Material der Würfel besteht.

$$\rho = \frac{m}{V} = \frac{72}{8}\,\frac{\text{g}}{\text{cm}^3} = 9\,\frac{\text{g}}{\text{cm}^3}$$

$$\varepsilon\rho = \pm\sqrt{\left(\frac{\partial\rho}{\partial m}\,\varepsilon m\right)^2 + \left(\frac{\partial\rho}{\partial V}\,\varepsilon V\right)^2} = \pm\sqrt{\left(\frac{1}{V}\,\varepsilon m\right)^2 + \left(\frac{-m}{V^2}\,\varepsilon V\right)^2}$$

$$\varepsilon\rho = \pm\sqrt{\left(\frac{1}{8}\cdot 1\,\frac{\text{g}}{\text{cm}^3}\right)^2 + \left(\frac{-72}{8^2}\cdot 0,1\,\frac{\text{g}}{\text{cm}^3}\right)^2} = \pm\sqrt{0,0156\left(\frac{\text{g}}{\text{cm}^3}\right)^2 + 0,0127\left(\frac{\text{g}}{\text{cm}^3}\right)^2}$$

$$\varepsilon\rho = \pm 0,168\,\frac{\text{g}}{\text{cm}^3}$$

Endergebnis: $\qquad \rho = (9 \pm 0,17)\,\frac{\text{g}}{\text{cm}^3}$
Der Würfel besteht demnach wahrscheinlich aus Kupfer.

Beispiel 3.3
Für eine beschleunigte Bewegung berechnet sich die zurückgelegte Strecke s nach $s = \frac{1}{2}at^2$, d.h. $s = s(a,t)$. Zur gemessenen Beschleunigung a und Zeit t gehört jeweils der Messfehler εa bzw. εt.

$$s = \frac{1}{2}\,2\cdot 10^2\,\text{m} = 100\,\text{m}$$

Der Fehler εs für die Strecke berechnet sich dann zu:

$$\varepsilon s = \pm \sqrt{\left(\frac{\partial s}{\partial a}\varepsilon a\right)^2 + \left(\frac{\partial s}{\partial t}\varepsilon t\right)^2}$$

$$\varepsilon s = \pm \sqrt{\left(\frac{t^2}{2}\varepsilon a\right)^2 + (a\,t\,\varepsilon t)^2}$$

Mit $t = 10\,\mathrm{s} \pm 0{,}5\,\mathrm{s}$

$$a = 2\,\frac{\mathrm{m}}{\mathrm{s}^2} \pm 0{,}1\,\frac{\mathrm{m}}{\mathrm{s}^2}$$

folgt $\varepsilon s = \pm \sqrt{\left(\frac{10^2}{2}\cdot 0{,}1\,\mathrm{m}\right)^2 + (2\cdot 10\cdot 0{,}5\,\mathrm{m})^2} = \pm\sqrt{25\,\mathrm{m}^2 + 100\,\mathrm{m}^2}$

$$\varepsilon s = \pm 11{,}18\,\mathrm{m}$$

Somit lautet das Ergebnis $s\left(10\,\mathrm{s}; 2\,\frac{\mathrm{m}}{\mathrm{s}^2}\right) = (100 \pm 11{,}2)\,\mathrm{m}$

Ein Fehler von $\pm\Delta x$ einer Messgröße x_1 hat danach einen Fehlerbereich $\Delta f(x)$ für die Größe $f(x_1)$ zur Folge (vgl. Abbildung 3.1).

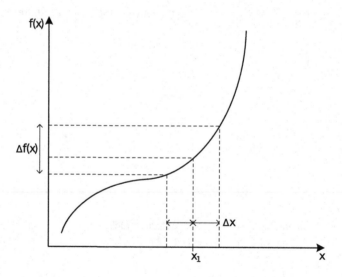

Abbildung 3.1: Grafische Darstellung der Fehlerfortpflanzung

Um den Wert x_1 verteilt sich der Fehler Δx. Der Funktionsverlauf bildet diesen Fehler auf die f(x)-Achse ab, wo dann der Fehler $\Delta f(x)$ abgelesen werden kann.

$$\Delta f(x) = \frac{\partial f}{\partial x}(x_1) \cdot \Delta x \qquad (3.3)$$

Ein vollständiges Ergebnis ist immer in folgender Form darzustellen:

Kinetische Energie $\qquad E_{\text{kin}} = \frac{1}{2} m v^2$

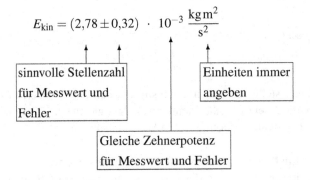

3.2 Größtfehler

Für viele Betrachtungen, speziell in den Grundlagenpraktika der ersten Semester in technischen, naturwissenschaftlichen und ingenieurmäßigen Studiengängen, reicht es aus, den *maximalen Fehler (absoluter Größtfehler)* zu bestimmen. Dieser ist größer oder gleich der zuvor eingeführten *Standardabweichung εy*.

$$\varepsilon y = \pm \sum_{i=1}^{N} \left| \frac{\partial F}{\partial x_i} \varepsilon x_i \right| \qquad \text{absoluter Größtfehler} \qquad (3.4)$$

Beispiel 3.4 (Dichte von Kupfer aus Beispiel 3.2)

$$\rho = \frac{m}{V} \qquad m = (72 \pm 1)\,\text{g} = 72\,\text{g}\,(1 \pm 1{,}39\,\%)$$

$$V = (8 \pm 0{,}1)\,\text{cm}^3 = 8\,\text{cm}^3\,(1 \pm 1{,}25\,\%)$$

$$\varepsilon\rho = \left|\frac{\partial \rho}{\partial m}\,\varepsilon m\right| + \left|\frac{\partial \rho}{\partial V}\,\varepsilon V\right| = \left|\frac{1}{V}\,\varepsilon m\right| + \left|\frac{-m}{V^2}\,\varepsilon V\right|$$

$$\frac{\varepsilon\rho}{\rho} = \left|\frac{V}{m}\frac{1}{V}\,\varepsilon m\right| + \left|\frac{V}{m}\frac{(-m)}{V^2}\,\varepsilon V\right|$$

$$\frac{\varepsilon\rho}{\rho} = \left|\frac{\varepsilon m}{m}\right| + \left|\frac{\varepsilon V}{V}\right|$$

$$\delta\rho = \delta m + \delta V = 1{,}39\,\% + 1{,}25\,\% = 2{,}64\,\%$$

Somit beträgt der Größtfehler $\delta\rho = 2{,}64\,\%$.

$$\text{Endergebnis} \quad \rho = 9\,\frac{\text{g}}{\text{cm}^3}\,(1 \pm 2{,}6\,\%)$$

Der Größtfehler stellt immer den ungünstigsten Fall dar. Er überschätzt die Abweichungen, da es sehr unwahrscheinlich ist, dass gleichzeitig alle unabhängigen Größen ihre maximalen oder minimalen Werte annehmen.

Größtfehler für Potenzprodukte und Grundrechenarten

Besonders einfach lassen sich die absoluten und relativen Größtfehler abschätzen, wenn die Messgrößen in den Bestimmungsgleichungen nur Grundrechenarten oder Potenzprodukte enthalten [Her99], also z.B.

$$f(x,y,z) = x^k\,y^m\,z^n \tag{3.5}$$

Relativer Größtfehler $\qquad \delta f = \dfrac{\varepsilon f}{f} = |k|\left|\dfrac{\varepsilon x}{x}\right| + |m|\left|\dfrac{\varepsilon y}{y}\right| + |n|\left|\dfrac{\varepsilon z}{z}\right| \tag{3.6}$

$$\delta f = |k|\,\delta x + |m|\,\delta y + |n|\,\delta z \tag{3.7}$$

Der absolute Größtfehler ergibt sich dann zu

$$\varepsilon f = \Big[|k|\,\delta x + |m|\,\delta y + |n|\,\delta z\Big] \cdot f \tag{3.8}$$

Eine Übersicht über Spezialfälle, für die die Berechnung der Fehlerfortpflanzung besonders einfach ist, ist in Tabelle 3.1 zu finden.

Tabelle 3.1: Berechnung der Größtfehler für Potenzprodukte und Grundrechenarten

$y = f(x_1, x_2)$	**Standardfehler**	**Größtfehler**
$y = x_1 + x_2$	$\varepsilon y = \pm\sqrt{\varepsilon x_1^2 + \varepsilon x_2^2}$	$\varepsilon y = \varepsilon x_1 + \varepsilon x_2$ absolute Fehler add. sich
$y = x_1 - x_2$	$\varepsilon y = \pm\sqrt{\varepsilon x_1^2 + \varepsilon x_2^2}$	$\varepsilon y = \varepsilon x_1 + \varepsilon x_2$
$y = x_1 \cdot x_2$	$\varepsilon y = \pm y \cdot \sqrt{(\delta x_1)^2 + (\delta x_2)^2}$ $\delta y = \pm\sqrt{(\delta x_1)^2 + (\delta x_2)^2}$	$\delta y = \delta x_1 + \delta x_2 = \frac{\varepsilon x_1}{x_1} + \frac{\varepsilon x_2}{x_2}$
$y = \frac{x_1}{x_2}$	$\varepsilon y = \pm y \cdot \sqrt{(\delta x_1)^2 + (\delta x_2)^2}$ $\delta y = \sqrt{(\delta x_1)^2 + (\delta x_2)^2}$	$\delta y = \delta x_1 + \delta x_2$
$y = x_1^n \cdot x_2^m$	$\delta y = \sqrt{(n \cdot \delta x_1)^2 + (m \cdot \delta x_2)^2}$	$\delta y = |n| \cdot \delta x_1 + |m| \cdot \delta x_2$
$y = \frac{x_1^n}{x_2^m}$	$\delta y = \sqrt{(n \cdot \delta x_1)^2 + (m \cdot \delta x_2)^2}$	$\delta y = |n| \cdot \delta x_1 + |m| \cdot \delta x_2$

Für eine rasche Abschätzung lässt sich merken, dass sich der *absolute Größtfehler* bei Summen und Differenz zweier Messgrößen als Summe der absoluten Teilfehler ergibt, und dass sich bei Produkten und Quotienten zweier Messgrößen der *relative Größtfehler* als Summe der Beträge der relativen Teilfehler (prozentuale Fehler) ergibt.

Für das Beispiel 3.1 bedeutet dieses

$$a = (2{,}15 \pm 0{,}25)\,\frac{\mathrm{m}}{\mathrm{s}^2} \qquad\qquad \delta a = \frac{\Delta a}{a} = \frac{0{,}25}{2{,}15} = 0{,}1163 = 11{,}6\,\%$$

$$t = (5{,}5 \pm 0{,}1)\,\mathrm{s} \qquad\qquad \delta t = \frac{\Delta t}{t} = \frac{0{,}1}{5{,}5} = 0{,}0182 = 1{,}8\,\%$$

$$\delta v = \delta a + \delta t = 11{,}6\,\% + 1{,}8\,\% = 13{,}4\,\%$$

Somit ist $\quad \Delta v = 13{,}4\,\% \cdot 11{,}825\,\dfrac{\mathrm{m}}{\mathrm{s}} = 1{,}59\,\dfrac{\mathrm{m}}{\mathrm{s}}$

Beispiel 3.5 (Volumenberechnung eines Quaders)

$$V = x \cdot y \cdot z \qquad \text{mit} \qquad x = 20\,\mathrm{mm}\,(1 \pm 2\,\%)$$
$$y = 30\,\mathrm{mm}\,(1 \pm 3\,\%)$$
$$z = 40\,\mathrm{mm}\,(1 \pm 4\,\%)$$

Mit obigen Angaben errechnet sich der prozentuale Fehler direkt zu
$$\delta V = \delta x + \delta y + \delta z = 2\,\% + 3\,\% + 4\,\%$$

$$\delta V = 9\,\% \qquad \text{somit ist} \qquad V = 24\,000\,\mathrm{mm}^3\,(1 \pm 9\,\%)$$

Vergleich mit dem Größtfehler:
$$\varepsilon V = \left|\frac{\partial V}{\partial x}\,\varepsilon x\right| + \left|\frac{\partial V}{\partial y}\,\varepsilon y\right| + \left|\frac{\partial V}{\partial z}\,\varepsilon z\right|$$

$$\varepsilon V = y \cdot z\,\varepsilon x + x \cdot z\,\varepsilon y + x \cdot y\,\varepsilon z$$

$$\varepsilon V = 30 \cdot 40 \cdot 0{,}4\,\mathrm{mm}^3 + 20 \cdot 40 \cdot 0{,}9\,\mathrm{mm}^3 + 20 \cdot 30 \cdot 1{,}6\,\mathrm{mm}^3$$

$$\varepsilon V = 480\,\mathrm{mm}^3 + 720\,\mathrm{mm}^3 + 960\,\mathrm{mm}^3$$

$$\varepsilon V = 2\,160\,\mathrm{mm}^3$$

Mit $\quad V = 24\,000\,\mathrm{mm}^3 \quad$ folgt für den prozentualen Fehler: $\quad \delta V = 9\,\%$

Beispiel 3.6

Gleichförmige Bewegung $\qquad v = \dfrac{s}{t} \qquad s = 630\,\text{km}\,(1 \pm 3\,\%),\ t = 5\,\text{h}\,(1 \pm 5\,\%)$

Da die Geschwindigkeit v sich aus dem Quotienten der Strecke s und der Zeit t berechnet, addieren sich die prozentualen Fehleranteile.

$$\delta v = 3\,\% + 5\,\% = 8\,\%$$

$$v = \frac{630\,\text{km}}{5\,\text{h}} = 126\,\frac{\text{km}}{\text{h}} \qquad \text{somit ist } v = 126\,\frac{\text{km}}{\text{h}}\,(1 \pm 8\,\%)$$

Vergleich mit der Berechnung mittels der Differentialquotienten:

$$\varepsilon v = \left|\frac{\partial v}{\partial s}\,\varepsilon s\right| + \left|\frac{\partial v}{\partial t}\,\varepsilon t\right| = \frac{1}{t}\,\varepsilon s + \frac{s}{t^2}\,\varepsilon t$$

$$\varepsilon v = \frac{1}{5\,\text{h}} \cdot 18{,}9\,\text{km} + \frac{630\,\text{km}}{5^2\,\text{h}^2} \cdot 0{,}25\,\text{h} = 3{,}78\,\frac{\text{km}}{\text{h}} + 6{,}3\,\frac{\text{km}}{\text{h}} = 10{,}08\,\frac{\text{km}}{\text{h}}$$

Der relative Fehler berechnet sich somit zu:

$$\delta v = \frac{\varepsilon v}{v} = \frac{10{,}08}{126} = 0{,}08 = 8\,\%$$

Beispiel 3.7

Berechnung der Erdbeschleunigung g aus der Fallzeit $\qquad g = g\,(s,t) = \dfrac{2s}{t^2}$

$$s = 19{,}6\,\text{m} \pm 0{,}5\,\text{m} \quad \Rightarrow \quad \delta s = 2{,}55\,\%$$
$$t = 2\,\text{s}\,(1 \pm 5\,\%) \quad \Rightarrow \quad \delta t = 5\,\%$$

Der relative Fehler für die Erdbeschleunigung ist dann

$$\delta g = \delta s + 2 \cdot \delta t = 2{,}55\,\% + 2 \cdot 5\,\% = 12{,}55\,\%$$

Beispiel 3.8

Kreisfläche $\qquad F = \pi\,r^2 \qquad \text{mit} \quad r = 1{,}00\,\text{m} \pm 0{,}01\,\text{m} \quad \Rightarrow \quad \delta r = 1\,\%$

folgt $\qquad F = 3{,}142\,\text{m}^2$

Größtfehler: $\qquad \varepsilon F = \dfrac{\partial F}{\partial r}\,\varepsilon r = 2\pi r \cdot \varepsilon r = 0{,}0628\,\text{m}^2$

$$F = 3{,}142\,\text{m}^2 \pm 0{,}063\,\text{m}^2 \quad \Rightarrow \quad \delta F = 2\,\%$$

Kurzform: da der Radius zum Quadrat in die Flächenberechnung eingeht, folgt

$$\delta F = 2 \cdot \delta r = 2\,\%$$

3.3 Aufteilung der Einzelfehler auf den Gesamtfehler

Zu Beginn dieses Kapitels haben wir gesehen, dass sich der Gesamtfehler als Summe der Einzelfehler bestimmt. Es liegt demnach eine Aussage über jeden Einzelfehler vor.

In der Praxis wird das Fehlerfortpflanzungsgesetz häufig bereits bei der Planung eines Experiments angewandt, um den Einfluss jeder einzelnen Teilmessgröße auf das Endergebnis abschätzen zu können. Danach ist es zweckmäßig, ein Experiment so zu planen, dass sich die zufälligen Fehler gleichmäßig auf alle Messgrößen x_i verteilen. Es ist also wenig sinnvoll, diejenige Messung, für die kleine Fehler zu erwarten sind, noch zu verbessern. Vielmehr sollte man sich bemühen, die großen Fehler zu reduzieren. Sehen wir uns zur Verdeutlichung das folgende Beispiel an.

Beispiel 3.9
Eine Spule (500 Windungen) bestehe aus Kupferdraht mit dem Durchmesser $d = (0,1420 \pm 0,0006)$ mm und der Länge $L = (94\,290 \pm 30)$ mm. Der spezifische Widerstand von Cu beträgt $\rho_{Cu} = 1,7 \cdot 10^{-5}\,\Omega\,\mathrm{mm}$. Gesucht ist der Widerstand R der Spule mit Angabe des Fehlers.

Widerstand $\qquad R = \rho_{Cu} \dfrac{L}{A} \qquad$ mit $\quad A = \left(\dfrac{d}{2}\right)^2 \pi \quad$ Drahtquerschnitt

$$\implies \quad R = \frac{4\,\rho_{Cu}\,L}{\pi\,d^2} = R\,(L,\,d)$$

$$R = \frac{4 \cdot 1,7 \cdot 10^{-5} \cdot 94\,290}{\pi \cdot 0,142^2}\,\Omega = 101,2\,\Omega$$

Absoluter Größtfehler εR des Widerstandes R :

$$\varepsilon R = \left|\frac{\partial R}{\partial L}\right| \varepsilon L + \left|\frac{\partial R}{\partial d}\right| \varepsilon d$$

$$\frac{\partial R}{\partial L} = \frac{4\,\rho_{Cu}}{\pi\,d^2} = 0,001\,073 \,\frac{\Omega\,\mathrm{mm}}{\mathrm{mm}^2} \qquad\qquad \varepsilon L = 30\,\mathrm{mm}$$

$$\frac{\partial R}{\partial d} = -\frac{8\,\rho_{Cu}\,L}{\pi\,d^3} = -1\,425,573\,58 \,\frac{\Omega\,\mathrm{mm}\cdot\mathrm{mm}}{\mathrm{mm}^3} \qquad \varepsilon d = 0,0006\,\mathrm{mm}$$

Somit ergibt sich für den maximalen Gesamtfehler :

$$\varepsilon R = \frac{4\,\rho_{Cu}}{\pi\,d^2}\cdot\varepsilon L + \frac{8\,\rho_{Cu}\,L}{\pi\,d^3}\cdot\varepsilon d$$

$$\varepsilon R = 0,001\,073\cdot 30\,\Omega + 1\,425,573\,58\cdot 0,0006\,\Omega$$

$$\varepsilon R = 0,032\,19\,\Omega + 0,855\,34\,\Omega$$

$$\varepsilon R = 0,887\,53\,\Omega$$

Das Ergebnis lautet somit: $\boxed{R = (101,20 \pm 0,89)\ \Omega}$

Zum Vergleich hier der Fehler nach dem Gauß'schen Fehlerfortpflanzungsgesetz :

$$\varepsilon R = \sqrt{(0,001\,073\cdot 30)^2 + (-1\,425,573\,58\cdot 0,0006)^2}\ \Omega$$

$$\varepsilon R = 0,855\,95\,\Omega$$

Die Abweichung zum zuvor berechneten maximalen Fehler beträgt ca. 3,6 %. Sind also die Fehler der einzelnen Messgrößen bekannt, so lässt sich eine Aussage über den Fehler der abgeleiteten Größe machen.

Für das Beispiel 3.9 bedeutet dieses :

$$\left|\frac{\partial R}{\partial L}\right|\,\varepsilon L = 0,032\,19\,\Omega$$

$$\left|\frac{\partial R}{\partial d}\right|\,\varepsilon d = 0,855\,34\,\Omega$$

Der zweite Term (Drahtdurchmesser) liefert den größten Betrag zum Gesamtfehler. Es ist daher zweckmäßig, die Messgenauigkeit für die Bestimmung des Drahtdurchmessers oder den Herstellungsprozess zu verbessern.

Beispiel 3.10 (Mathematisches Pendel)
Ein mathematisches Pendel, also z.B. ein dünner Faden mit einer Masse am Ende, wird benutzt, um die Erdbeschleunigung g zu bestimmen.

Für die Schwingungsdauer T des mathematischen Pendels gilt :

$$T = 2\pi\,\sqrt{\frac{L}{g}} \qquad\qquad \begin{array}{ll} L & \text{Pendellänge} \\ T & \text{Schwingungsdauer} \end{array}$$

Nach Umstellen lässt sich die Erdbeschleunigung g bestimmen :

$$g\,(T,\,L) = 4\,\pi^2\,\frac{L}{T^2}$$

Aus den gegebenen Messabweichungen εL für die Pendellänge und εT für die Schwingungsdauer lässt sich der Gesamtfehler εg und der prozentuale Fehler δg bestimmen.

Größtfehler:

$$\varepsilon g = \left|\frac{\partial g}{\partial T}\,\varepsilon T\right| + \left|\frac{\partial g}{\partial L}\,\varepsilon L\right|$$

$$\frac{\partial g}{\partial T} = -8\,\pi^2\,\frac{L}{T^3} \qquad\qquad \frac{\partial g}{\partial l} = \frac{4\,\pi^2}{T^2}$$

$$\implies \quad \varepsilon g = \left|-8\,\pi^2\,\frac{L}{T^3}\,\varepsilon T\right| + \left|\frac{4\,\pi^2}{T^2}\,\varepsilon L\right|$$

$$\varepsilon g = 8\,\pi^2\,\frac{L}{T^2}\,\frac{\varepsilon T}{T} + \frac{4\,\pi^2 L}{T^2}\,\frac{\varepsilon L}{L} \qquad\qquad \text{mit} \qquad\qquad g = 4\,\pi^2\,\frac{L}{T^2}$$

folgt $\quad \varepsilon g = 2\,g\,\frac{\varepsilon T}{T} + g\,\frac{\varepsilon L}{L} \qquad\qquad \Rightarrow \qquad \frac{\varepsilon g}{g} = 2\,\frac{\varepsilon T}{T} + \frac{\varepsilon L}{L}$

oder der relative Fehler

$$\boxed{\;\delta g = \frac{\varepsilon g}{g} = 2\,\frac{\varepsilon T}{T} + \frac{\varepsilon L}{L} = 2\,\delta T + \delta L\;}$$

Der prozentuale Fehler für die Erdbeschleunigung δg errechnet sich demnach durch Addition der prozentualen Fehler der Längenmessung δL und des doppelten prozentualen Fehlers der Zeitmessung δT. Hieraus folgt direkt, dass es für eine Reduzierung des Gesamtfehlers sinnvoll ist, den Fehler bei der Bestimmung der Schwingungsdauer εT zu reduzieren, da dieser mit dem Faktor 2 in den Gesamtfehler eingeht. Die Schwingungsdauer T lässt sich im Prinzip 'beliebig' genau messen, in dem die Zahl der Schwingungen hinreichend groß gewählt wird.

Eine beliebige Vergrößerung der Zahl der gemessenen Schwingungen ist in der Praxis nicht realistisch, da sich der Mess- und Zeitaufwand stark vergrößert. Es stellt sich daher die Frage, wie weit der Aufwand zur Erhöhung der Messgenauigkeit sinnvoll getrieben werden soll.

Als sinnvolle Beschränkung wird allgemein akzeptiert, dass der Teilfehler bis auf 1/5-tel des Gesamtfehlers reduziert wird. Reicht die dann erlangte Genauigkeit immer noch nicht aus, so ist die Messmethode und/oder der Herstellungsprozess zu überdenken.

Da in unserem Beispiel der Fehler der Längenmessung eine untere Grenze für den Gesamtfehler darstellt, ist es nicht sinnvoll, die Genauigkeit der Zeitmessung weiter als

$$\frac{\varepsilon T}{T} \approx 0{,}2 \, \frac{\varepsilon L}{L} \quad \Longleftrightarrow \quad \delta T \approx 0{,}2 \, \delta L$$

zu treiben, so dass der Fehler der Zeitmessung etwa 1/5-tel des Gesamtfehlers ausmacht.

Zahlenbeispiel A

$$L = 10\,\text{m} \qquad \varepsilon L = 0{,}01\,\text{m}$$
$$T = 6{,}34\,\text{s} \qquad \varepsilon T = 0{,}2\,\text{s} \qquad \text{Messung einer Periode, manuell}$$

Die Zeitmessung erfolgt zunächst manuell, also z.B. mit einer Stoppuhr.

Größtfehler $\qquad g\,(T,\,L) = 4\pi^2 \, \frac{L}{T^2} = 4\pi^2 \, \frac{10\,\text{m}}{6{,}34^2\,\text{s}^2} = 9{,}821\,577 \, \frac{\text{m}}{\text{s}^2}$

$$\delta g = \frac{\varepsilon g}{g} = 2 \, \frac{\varepsilon T}{T} + \frac{\varepsilon L}{L} = 2 \, \frac{0{,}2}{6{,}34} + \frac{0{,}01}{10} = 0{,}063\,09 + 0{,}001$$

$$\delta g = 0{,}064\,09 \qquad \text{relativer Fehler von 6,4\%}$$

somit ergibt sich

$$\varepsilon g = g \cdot \delta g = 9{,}821\,577 \cdot 0{,}064\,09 \, \frac{\text{m}}{\text{s}^2} = 0{,}629\,48 \, \frac{\text{m}}{\text{s}^2}$$

$$\boxed{g = (9{,}822 \pm 0{,}629) \, \frac{\text{m}}{\text{s}^2}}$$

Zahlenbeispiel B

$$L = 10\,\text{m} \qquad \varepsilon L = 0{,}01\,\text{m}$$
$$T = 6{,}34\,\text{s} \qquad \varepsilon T = 0{,}01\,\text{s} \qquad \text{Messung mehrerer Perioden, automatisch}$$

Hier wurden viele Schwingungsperioden automatisch vermessen, so dass sich der Fehler auf $\varepsilon T = 0{,}01\,\mathrm{s}$ reduziert.

$$\delta g = 2\,\frac{0{,}01}{6{,}34} + \frac{0{,}01}{10} = 0{,}003\,155 + 0{,}001$$

$$\delta g = 0{,}004\,155 \qquad\qquad \text{relativer Fehler von } 0{,}42\,\%$$

$$\varepsilon g = g \cdot \delta g = 9{,}821\,577 \cdot 0{,}004\,155\,\frac{\mathrm{m}}{\mathrm{s}^2} = 0{,}0408\,\frac{\mathrm{m}}{\mathrm{s}^2}$$

$$\boxed{g = (9{,}822 \pm 0{,}041)\,\frac{\mathrm{m}}{\mathrm{s}^2}}$$

Damit der Fehleranteil der Zeitmessung nur noch 1/5-tel des Gesamtfehlers ausmacht, muss der Fehler in der Zeitmessung auf $\varepsilon T = 0{,}001\,\mathrm{s}$ also 1/1000 s verbessert werden.

3.4 Aufgaben

A 3.1 (Salatschleuder)

In einer Salatschleuder wird mittels der Zentrifugalkraft der Salat getrocknet. Berechnen Sie die Zentrifugalkraft F_z, die auf ein Salatblatt der Masse m wirkt und bestimmen Sie den Größtfehler. Für die Zentrifugalkraft gilt:

$$F_z = m \cdot \omega^2 \cdot r = m \cdot 4\pi^2 \cdot n^2 \cdot r = F_z\,(m,n,r)$$

$$m = (6 \pm 1)\,\mathrm{g}\,, \qquad n = (2 \pm 0{,}05)\,\frac{1}{\mathrm{s}}\,, \qquad r = (15 \pm 1)\,\mathrm{cm}$$

A 3.2 (Ablenkung eines Tintentröpfchens)

Ein Tintentröpfchen mit der Masse m und der negativen Ladung Q tritt parallel zur x-Achse mit der Geschwindigkeit v_x in den Bereich zwischen den Platten ein. Zwischen den Platten der Länge L liegt ein elektrisches Feld E an. Die vertikale Ablenkung y des Tröpfchens durch das elektrische Feld lässt sich bestimmen zu

$$y = \frac{Q E L^2}{2 m v_x^2}$$

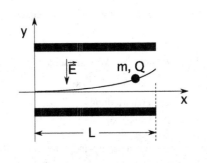

Es ist

$$Q = 1{,}5 \cdot 10^{-13}\,\mathrm{C}$$

$$v_x = 18\,\frac{\mathrm{m}}{\mathrm{s}}$$

$$m = 1{,}3 \cdot 10^{-10}\,\mathrm{kg}\,(1 \pm 5\%)$$

$$L = 1{,}6\,\mathrm{cm}\,(1 \pm 4\%)$$

$$E = 1{,}4 \cdot 10^6\,\frac{\mathrm{N}}{\mathrm{C}}\,(1 \pm 5\%)$$

a) Berechnen Sie die Ablenkung y des Tintentröpfchens am Ende der Platten.

b) Führen Sie eine Fehlerfortpflanzungs-Rechnung für $y = y(m, L, E)$ durch und bestimmen Sie den Größtfehler.

A 3.3 (Beschleunigung eines Modellautos)

Zur Bestimmung der Beschleunigung eines Modellautos messen Sie die Fahrstrecke s und die Fahrzeit t. Die Beschleunigung $a(s,t)$ berechnet sich nach : $a = \dfrac{2\,s}{t^2}$.

$s = 3\,\mathrm{m}$, $\varepsilon s = 1\,\mathrm{cm}$ und $t = 6\,\mathrm{s}$, $\varepsilon t = 100\,\mathrm{ms}$

a) Führen Sie die Berechnungen für die Fehlerfortpflanzung für $a(s,t)$ durch und geben Sie die Gleichungen für die Teilfehler und den Gesamtfehler an.

b) Welche Variable (s oder t) liefert den größten Betrag zum Gesamtfehler und wie kann dieser Beitrag reduziert werden ?

A 3.4 (Parallelschaltung von zwei Widerständen)

In einer elektronischen Schaltung werden die beiden Widerstände $R_1 = 100\,\Omega\,(1 \pm 10\%)$ und $R_2 = 82\,\Omega\,(1 \pm 1\%)$ parallel verschaltet.

Der Gesamtwiderstand ist gegeben durch:

$$R = \frac{R_1 \cdot R_2}{R_1 + R_2}$$

a) Bestimmen Sie den Gesamtwiderstand R und mit Hilfe der Gaußschen Fehlerfortpflanzung den Größtfehler εR.

b) Geben Sie die einzelnen Beiträge der Widerstände εR_1 und εR_2 zum Gesamtfehler an.

A 3.5 (Photoeffekt)

Für den *Photoeffekt* hängt die Gegenspannung U von der eingestrahlten Frequenz f der Strahlung ab:

$$U = \frac{h}{e} f - \frac{W_A}{e}$$

mit h Plancksches Wirkungsquantum

$h = 6{,}626 \cdot 10^{-34}\,\mathrm{J\,s}$

e Elementarladung

W_A Austrittsarbeit

Für eine Wellenlänge von $\lambda = 492\,\mathrm{nm}$ ergibt sich eine Gegenspannung von $U = 1{,}2\,\mathrm{V}$. Der Fehler in der Wellenlängenbestimmung beträgt $\varepsilon\lambda = 2\,\mathrm{nm}$ und der der Spannungsmessung beträgt $\varepsilon U = 0{,}001\,\mathrm{V}$.

Konstanten : $W_A = 1{,}18\,\mathrm{eV}$ $e = 1{,}602 \cdot 10^{-19}\,\mathrm{C}$ $c = 3 \cdot 10^8\,\frac{\mathrm{m}}{\mathrm{s}}$

Einheiten : $\mathrm{C} = \mathrm{A\,s}$ $\mathrm{J} = \mathrm{W\,s}$ $\mathrm{W} = \mathrm{A\,V}$

a) Berechnen Sie die Werte $U(\lambda)$ für folgende Wellenlängen und stellen sie die Ergebnisse in einer Tabelle dar.
   Wellenlängen : 405 nm, 435 nm, 492 nm, 546 nm, 630 nm, 701 nm

b) Lösen Sie diese Gleichung nach der Planckschen Wirkungskonstanten $h = h(U, \lambda)$ auf. Nutzung Sie die Beziehung $f = \frac{c}{\lambda}$.

c) Führen Sie eine Fehlerfortpflanzungsrechnung für $h = h(U, \lambda)$ durch und bestimmen Sie den Gesamtfehler $\varepsilon h(U, \lambda)$, sowie die beiden Teilfehler $\varepsilon h(U)$ und $\varepsilon h(\lambda)$.

d) Welche Variable hat den größten Anteil am Gesamtfehler ?

A 3.6 (Kraft zwischen Kondensatorplatten)

Gegeben ist ein Plattenkondensator mit einem Plattenabstand d und der Fläche A. Liegt eine Spannung U an den Platten, so beträgt die Anziehungskraft F zwischen ihnen:

$$F(A, d, U) = \frac{1}{2}\varepsilon_0\,\varepsilon_r\,A\left(\frac{U}{d}\right)^2$$

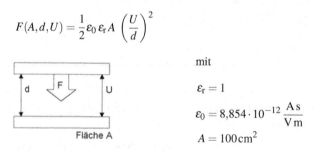

mit

$\varepsilon_r = 1$

$\varepsilon_0 = 8{,}854 \cdot 10^{-12}\,\dfrac{\mathrm{A\,s}}{\mathrm{V\,m}}$

$A = 100\,\mathrm{cm}^2$

a) Berechnen Sie für die Plattenabstände $d = 2\,\mathrm{mm}$ und $d = 5\,\mathrm{mm}$ im Spannungsbereich von $U = (0 \ldots 5000)\,\mathrm{V}$ die Kräfte F in Form einer Wertetabelle!

b) Für die Parameter A, d und U sind die folgenden Genauigkeiten gegeben:

$$\varepsilon A = 0{,}0001\,\text{m}^2\,, \qquad \varepsilon d = 0{,}1\,\text{mm}\,, \qquad \varepsilon U = 1\,\text{V}$$

Wie groß ist nach der Fehlerfortpflanzung der Gesamtfehler εF und welcher Parameter liefert den größten Beitrag zum Gesamtfehler für einen Plattenabstand von $d = 2\,\text{mm}$ und $U = 5000\,\text{V}$?

A 3.7 (Blut-Volumenstrom in der Aorta)

In der Medizin spielen die Fließgeschwindigkeiten und der Volumenstrom $\dot{V}$ (Volumen, das pro Zeiteinheit transportiert wird) des Blutes für die Versorgung der Organe eine bedeutende Rolle. Der Volumenstrom $\dot{V}$ kann nach dem Gesetz von Hagen-Poiseuille berechnet werden (das Gesetz hat eine eingeschränkte Gültigkeit für Blut, für einen ersten Eindruck reicht es aus).

$$\dot{V}(R, p_0) = \frac{dV}{dt} = \frac{\pi}{8\eta}R^4 p_0 \qquad \text{mit} \qquad p_0 = \frac{\Delta p}{l} \quad \text{Druckgefälle}$$

$$p_0 = (7500 \pm 375)\,\frac{\text{N}}{\text{m}^3}$$

Innenradius der Aorta $\qquad R = (4{,}0 \pm 0{,}4)\,\text{mm}$

Viskosität für Blut $\qquad\quad \eta = 15 \cdot 10^{-3}\,\frac{\text{N}}{\text{m}^2}\,\text{s}$

a) Berechnen Sie den Volumenstrom $\dot{V}$.

b) Bestimmen Sie mittels der Fehlerfortpflanzung den Größtfehler $\varepsilon\dot{V}$.

A 3.8 (Lichtleitfaser)

In eine Lichtleitfaser wird ein Signal mit einer Leistung $P_0 = 1\,\text{mW}$ eingekoppelt. Der Ausgang der Lichtleitfaser ist $z = 5\,\text{km}$ entfernt. Es gilt für die Leistung:

$$P(z) = P_0\,e^{-\alpha z}$$

a) Welche Strahlungsleistung ist am Ausgang der Lichtleitfaser (nach der Dämpfung) noch vorhanden?

b) Berechnen Sie mittels der Fehlerfortpflanzung den Fehler εP der Ausgangsleistung. Welche Größe hat nahezu keinen Einfluss auf εP?

$$z = 5.000\,\text{m} \pm 1\,\text{m}\,, \quad \alpha = 1{,}4 \cdot 10^{-4}\,\tfrac{1}{\text{m}}\,(1 \pm 5\,\%)\,, \quad P_0 = 1\,\text{mW}\,(1 \pm 5\,\%)$$

A 3.9 (Reihenschaltung von Kondensatoren)

Gegeben ist eine Reihenschaltung von zwei Kondensatoren mit $C_1 = 15\,\mu\mathrm{F}\,(1 \pm 5\,\%)$ und $C_2 = 13\,\mu\mathrm{F}\,(1 \pm 10\,\%)$. Es ist $\frac{1}{C} = \frac{1}{C_1} + \frac{1}{C_2}$.

a) Bestimmen Sie die Gesamtkapazität C.

b) Bestimmen Sie mit Hilfe der Fehlerfortpflanzung den Gesamtfehler εC der Kapazität.

c) Geben Sie die Beiträge der einzelnen Kondensatoren C_1 und C_2 (εC_1 bzw. εC_2) zum Gesamtfehler an.

A 3.10 (Abkühlung von Saft (Kalorimetrie))

In ein Glas gibt man $0,18\,\ell$ Saft (Masse $m_s = 0,18\,\mathrm{kg}\,(1 \pm 5\,\%)$) mit einer Temperatur von $\vartheta_s = 8\,^\circ\mathrm{C}$. Zur Abkühlung werden 3 Eiswürfel mit einer Masse $m_E = 9,2\,\mathrm{g}\,(1 \pm 10\,\%)$ und einer Temperatur von $\vartheta_E = -18\,^\circ\mathrm{C}$ hinzu gegeben.

Saft/Wasser	spezifische Wärmekapazität	$c_W = 4,2\,\frac{\mathrm{kJ}}{\mathrm{kg\,K}}$
	Temperatur	$\vartheta_s = 281,15\,\mathrm{K}$
Eis	spezifische Wärmekapazität	$c_E = 2,1\,\frac{\mathrm{kJ}}{\mathrm{kg\,K}}$
	Schmelztemperatur	$\vartheta_0 = 273,15\,\mathrm{K}$
	Temperatur Eiswürfel	$\vartheta_E = 255,15\,\mathrm{K}$
	Schmelzwärme	$S_E = 330\,\frac{\mathrm{kJ}}{\mathrm{kg}}$

Haben sich die Eiswürfel aufgelöst, so beträgt die Endtemperatur ϑ_M des Saftes (thermische Verlust werden vernachlässigt):

$$\vartheta_M = \frac{m_s \cdot c_W \cdot \vartheta_s + m_E \cdot [c_E \cdot (\vartheta_E - \vartheta_0) - S_E + c_W \cdot \vartheta_0]}{c_W \cdot (m_s + m_E)}$$

a) Berechnen Sie die Temperatur des Getränks, wenn sich die Eiswürfel vollständig aufgelöst haben.

b) Berechnen Sie mittels der Fehlerfortpflanzung für die Endtemperatur $\vartheta_M\,(m_s, m_E)$ den Fehler $\varepsilon\vartheta_M$.

3.5 Lösungen

Lösung zu A 3.1 (Salatschleuder)

Mit der Zentrifugalkraft $\qquad\qquad F_z\,(m,n,r) = 4\pi^2 \cdot m \cdot r \cdot n^2$

berechnet sich der Größtfehler zu $\qquad\qquad \delta F_z = \delta m + \delta r + 2 \cdot \delta n.$

$$F_z = 4\pi^2 \cdot 0{,}006 \cdot 0{,}15 \cdot 2^2\,\mathrm{N} = 142{,}1\,\mathrm{mN}$$

Die relativen Fehler betragen:
$$\delta m = \frac{1}{6} \cdot 100\,\% = 16{,}67\,\%$$

$$\delta r = \frac{1}{15} \cdot 100\,\% = 6{,}67\,\%$$

$$\delta n = \frac{0{,}05}{2} \cdot 100\,\% = 2{,}5\,\%$$

Somit folgt (ohne vorherige Rundung) $\qquad \delta F_z = 16{,}67\,\% + 6{,}67\,\% + 2 \cdot 2{,}5\,\% = 28{,}33\,\%$

$$\Rightarrow \quad F_z = 142{,}1\,\mathrm{mN}\,(1 \pm 28{,}33\,\%)$$

Lösung zu A 3.2 (Ablenkung eines Tintentröpfchens)

Aus $\quad y\,(m,L,E) = \dfrac{QEL^2}{2m\,v_{\mathrm{x}}^2}\quad$ folgt:

$$y = \frac{1{,}5 \cdot 10^{-13} \cdot 1{,}4 \cdot 10^6 \cdot \left(1{,}6 \cdot 10^{-2}\right)^2}{2 \cdot 1{,}3 \cdot 10^{-10} \cdot 18^2}\,\mathrm{m} = 6{,}38 \cdot 10^{-4}\,\mathrm{m} = 0{,}64\,\mathrm{mm}$$

Für den prozentualen Größtfehler gilt:

$$\delta y = \delta E + 2 \cdot \delta L + \delta m$$
$$\delta y = 5\,\% + 2 \cdot 4\,\% + 5\,\% = 18\,\%$$

Ergebnis: $\quad y = 0{,}64\,\mathrm{mm}\,(1 \pm 18\,\%)$

Lösung zu A 3.3 (Beschleunigung eines Modellautos)

zu a) $\quad \varepsilon a = \left| \dfrac{\partial a}{\partial s}\,\varepsilon s \right| + \left| \dfrac{\partial a}{\partial t}\,\varepsilon t \right|$

Anteil der Strecke: $\quad \left| \dfrac{\partial a}{\partial s}\,\varepsilon s \right| = \dfrac{2}{t^2} \cdot \varepsilon s = \dfrac{2}{6^2}\dfrac{1}{s^2} \cdot 0{,}01\,\mathrm{m} = \dfrac{1}{18} \cdot 0{,}01\,\dfrac{\mathrm{m}}{\mathrm{s}^2}$

$$= 0{,}556 \cdot 10^{-3}\,\dfrac{\mathrm{m}}{\mathrm{s}^2}$$

Anteil der Zeit: $\left|\dfrac{\partial a}{\partial t}\,\varepsilon t\right| = \dfrac{4s}{t^3}\cdot\varepsilon s = \dfrac{4\cdot 3}{6^3}\dfrac{m}{s^3}\cdot 100\cdot 10^{-3}\,s$

$$= \dfrac{1}{18}\cdot 100\cdot 10^{-3}\,\dfrac{m}{s^2} = 5{,}556\cdot 10^{-3}\,\dfrac{m}{s^2}$$

Somit errechnet sich der Gesamtfehler zu $\varepsilon a = 6{,}11\cdot 10^{-3}\,\dfrac{m}{s^2} = 0{,}0061\,\dfrac{m}{s^2}$

b) Den größten Beitrag zum Gesamtfehler liefert die Zeitmessung. Eine Reduzierung ist z.B. durch eine automatische Messung möglich.

Lösung zu A 3.4 (Parallelschaltung von zwei Widerständen)

a) Gesamtwiderstand $R = \dfrac{R_1\cdot R_2}{R_1 + R_2} = 45{,}05\,\Omega$

Gesamtfehler $\varepsilon R = \left|\dfrac{\partial R}{\partial R_1}\right|\varepsilon R_1 + \left|\dfrac{\partial R}{\partial R_2}\right|\varepsilon R_2 = \left|\dfrac{R_2^{\,2}}{(R_1+R_2)^2}\right|\varepsilon R_1 + \left|\dfrac{R_1^{\,2}}{(R_1+R_2)^2}\right|\varepsilon R_2$

$\varepsilon R_1 = 10\,\Omega$, $\varepsilon R_2 = 0{,}82\,\Omega$ somit ist $\varepsilon R = 2{,}277\,\Omega$

b) Beitrag R_1 : $\left|\dfrac{R_2^{\,2}}{(R_1+R_2)^2}\right|\varepsilon R_1 = 2{,}030\,\Omega$

Beitrag R_2 : $\left|\dfrac{R_1^{\,2}}{(R_1+R_2)^2}\right|\varepsilon R_2 = 0{,}248\,\Omega$

Lösung zu A 3.5 (Fehlerfortpflanzung beim Photoeffekt)

Einfügen der Variablen λ : $U(\lambda) = \dfrac{h\,c}{e}\dfrac{1}{\lambda} - \dfrac{W_A}{e}$

Einheiten für den 1.Term: $\left[\dfrac{h\,c}{e}\dfrac{1}{\lambda}\right] = \dfrac{J\,s\cdot\frac{m}{s}}{C\cdot m} = \dfrac{J\,s\,m}{C\,m\,s} = \dfrac{J}{C} = \dfrac{W\,s}{A\,s} = V$

Konstanten: $\dfrac{h\,c}{e} = \dfrac{6{,}626\cdot 10^{-34}\cdot 3\cdot 10^8}{1{,}602\cdot 10^{-19}}\dfrac{J\,s\,m}{s\,C} = 1{,}2408\cdot 10^{-6}\,\dfrac{J\,m}{C}$

Einheiten für den 2. Term:
$$\left[\frac{W_\mathrm{A}}{e}\right] = \frac{\mathrm{eV}}{\mathrm{C}} = \frac{1{,}602 \cdot 10^{-19}\,\mathrm{J}}{\mathrm{A\,s}} = 1{,}602 \cdot 10^{-19}\,\frac{\mathrm{W\,s}}{\mathrm{A\,s}} = 1{,}602 \cdot 10^{-19}\,\mathrm{V}$$

Mit dem Wert für die Aktivierungsenergie W_A folgt:
$$\frac{W_\mathrm{A}}{e} = \frac{1{,}18}{1{,}602 \cdot 10^{-19}}\,\frac{\mathrm{eV}}{\mathrm{C}} = \frac{1{,}18}{1{,}602 \cdot 10^{-19}} \cdot 1{,}602 \cdot 10^{-19}\,\mathrm{V} = 1{,}18\,\mathrm{V}$$

a) Wertetabelle für $U(\lambda)$

λ / nm	U / V
405	1,884
435	1,672
492	1,342
546	1,093
630	0,790
701	0,590

b) Umformen der Gleichung: $h(\lambda, U) = \dfrac{\lambda}{c}\left(eU + W_\mathrm{A}\right)$

c) Fehlerfortpflanzung

Fehleranteil der Wellenlänge
$$\left|\frac{\partial h}{\partial \lambda}\right| \varepsilon\lambda = \left|\frac{eU + W_\mathrm{A}}{c}\right| \varepsilon\lambda = \frac{1{,}602 \cdot 10^{-19} \cdot 1{,}2\,\mathrm{C\,V} + 1{,}18\,\mathrm{eV}}{3 \cdot 10^8\,\frac{\mathrm{m}}{\mathrm{s}}} \cdot 2\,\mathrm{nm}$$

$$\left|\frac{\partial h}{\partial \lambda}\right| \varepsilon\lambda = 0{,}0254 \cdot 10^{-34}\,\mathrm{J\,s}$$

Fehleranteil der Spannung
$$\left|\frac{\partial h}{\partial U}\right| \varepsilon U = \left|\frac{\lambda\, e}{c}\right| \varepsilon U = \frac{492\,\mathrm{nm} \cdot 1{,}602 \cdot 10^{-19}\,\mathrm{C}}{3 \cdot 10^8\,\frac{\mathrm{m}}{\mathrm{s}}} \cdot 0{,}001\,\mathrm{V}$$

$$\left|\frac{\partial h}{\partial U}\right| \varepsilon U = 0{,}002\,63 \cdot 10^{-34}\,\mathrm{J\,s}$$

Der Gesamtfehler $\varepsilon h\,(\lambda, U)$ ergibt sich somit zu

$$\varepsilon h\,(\lambda, U) = \left|\frac{\partial h}{\partial \lambda}\right| \varepsilon \lambda + \left|\frac{\partial h}{\partial U}\right| \varepsilon U$$

$$\varepsilon h\,(\lambda, U) = 0{,}028 \cdot 10^{-34}\,\mathrm{J\,s}$$

Endergebnis: $\qquad\qquad h = 6{,}253 \cdot 10^{-34}\,\mathrm{J\,s} \pm 0{,}028 \cdot 10^{-34}\,\mathrm{J\,s}$

d) Größe der Teilfehler

Wie unter Punkt c) berechnet, hat der Fehler der **Wellenlängen** den größten Anteil am Gesamtfehler.

Lösung zu A 3.6 (Kraft zwischen Kondensatorplatten)

Für die Kraft gilt: $\qquad F\,(A, d, U) = \dfrac{1}{2}\,\varepsilon_0\,\varepsilon_\mathrm{r}\,A \left(\dfrac{U}{d}\right)^2$

Hieraus ergibt sich die Wertetabelle für Spannungen von $0\,\mathrm{V}\ldots5000\,\mathrm{V}$ und Plattenabständen von $2\,\mathrm{mm}$ und $5\,\mathrm{mm}$:

U / V	F / N (d = 2 mm)	F / N (d = 5 mm)
0	0,0000	0,0000
500	0,0028	0,0004
1000	0,0111	0,0018
1500	0,0249	0,0040
2000	0,0443	0,0071
2500	0,0692	0,0111
3000	0,0996	0,0159
3500	0,1356	0,0217
4000	0,1771	0,0283
4500	0,2241	0,0359
5000	0,2767	0,0443

Auftragen der Daten in ein Diagramm:

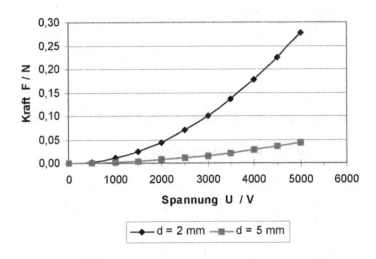

Fehlerfortpflanzung

$$\varepsilon F = \left| \frac{\partial F}{\partial A} \right| \varepsilon A + \left| \frac{\partial F}{\partial d} \right| \varepsilon d + \left| \frac{\partial F}{\partial U} \right| \varepsilon U$$

Fläche 　　　　$\left| \dfrac{\partial F}{\partial A} \right| \varepsilon A = \dfrac{1}{2} \left| \dfrac{\varepsilon_r \varepsilon_0 U^2}{d^2} \right| \varepsilon A = 0{,}002\,766\,875\,\mathrm{N}$

Abstand 　　　$\left| \dfrac{\partial F}{\partial d} \right| \varepsilon d = \left| \dfrac{\varepsilon_r \varepsilon_0 A U^2}{d^3} \right| \varepsilon d = 0{,}027\,668\,75\,\mathrm{N}$

Spannung 　　$\left| \dfrac{\partial F}{\partial U} \right| \varepsilon U = \left| \dfrac{\varepsilon_r \varepsilon_0 A U}{d^2} \right| \varepsilon U = 0{,}000\,110\,675\,\mathrm{N}$

Gesamtfehler 　$\varepsilon F = 0{,}030\,5463\,\mathrm{N}$

Ergebnis: 　　　$F = (0{,}2767 \pm 0{,}0305)\,\mathrm{N} = 0{,}2767\,\mathrm{N}\,(1 \pm 11{,}04\,\%)$

Alternative Berechnung mittels des Größtfehlers:

Aus $F(A,d,U) = \frac{1}{2}\varepsilon_0\varepsilon_r A \left(\frac{U}{d}\right)^2$ folgt für den prozentualen Größtfehler:

$$\delta F = \delta A + 2\cdot\delta U + 2\cdot\delta d \qquad \text{mit} \quad \delta A = \frac{0,0001}{100\cdot 10^{-4}}\cdot 100\,\% = 1\,\%$$

$$\delta U = \frac{1}{5000}\cdot 100\,\% = 0,02\,\%$$

$$\delta d = \frac{0,1}{2}\cdot 100\,\% = 5\,\%$$

folgt $\delta F = 11{,}04\,\%$ oder $\varepsilon F = 0{,}2767\,\text{N}\cdot 11{,}04\,\% = 0{,}0305\,\text{N}$

Lösung zu A 3.7 (Blut-Volumenstrom in der Aorta)

a) Volumenstrom des Blutes in der Aorta

$$\dot{V}(R,p_0) = \frac{dV}{dt} = \frac{\pi}{8\eta}R^4 p_0 = \frac{\pi\cdot(0,004)^4}{8\cdot 15\cdot 10^{-3}}\cdot 7500\,\frac{\text{m}^4\,\text{m}^2\,\text{N}}{\text{N}\,\text{s}\,\text{m}^3}$$

$$\dot{V} = 5{,}03\cdot 10^{-5}\,\frac{\text{m}^3}{\text{s}} = 5{,}03\cdot 10^{-2}\,\frac{\ell}{\text{s}} = 3{,}02\,\frac{\ell}{\text{min}}$$

b) Der Größtfehler berechnet sich zu

$$\varepsilon\dot{V} = \left|\frac{\partial\dot{V}}{\partial R}\right|\varepsilon R + \left|\frac{\partial\dot{V}}{\partial p_0}\right|\varepsilon p_0$$

$$\left|\frac{\partial\dot{V}}{\partial R}\right|\varepsilon R = \frac{\pi R^3 p_0}{2\eta}\varepsilon R = \frac{\pi\cdot(0,004)^3\cdot 7500}{2\cdot 15\cdot 10^{-3}}\cdot 0{,}0004\,\frac{\text{m}^3}{\text{s}} = 2{,}01\cdot 10^{-5}\,\frac{\text{m}^3}{\text{s}}$$

$$= 1{,}206\,\frac{\ell}{\text{min}}$$

$$\left|\frac{\partial\dot{V}}{\partial p_0}\right|\varepsilon p_0 = \frac{\pi R^4}{8\eta}\varepsilon p_0 = \frac{\pi\cdot(0,004)^4}{8\cdot 15\cdot 10^{-3}}\cdot 375\,\frac{\text{m}^3}{\text{s}} = 2{,}5\cdot 10^{-6}\,\frac{\text{m}^3}{\text{s}} = 0{,}151\,\frac{\ell}{\text{min}}$$

Gesamtfehler: $\varepsilon\dot{V} = 1{,}357\,\frac{\ell}{\text{min}}$ (was etwa 45\,\% entspricht)

Es ist offensichtlich, dass der Radius maßgeblich den Durchfluss bestimmt (er geht zur 4. Potenz in den Volumenstrom ein). Verkalkungen der Blutgefäße beeinflussen daher stark die Durchblutung.

Alternative Berechnung mittels des prozentualen Größtfehlers:

$$\delta \overset{\bullet}{V} = 4 \cdot \delta R + \delta p_0 = 4 \cdot 10\% + 5\% = 45\%$$

Lösung zu A 3.8 (Lichtleitfaser)

a) Strahlungsleistung nach 5.000 m Kabellänge:

$$P(P_0, \alpha, z) = P_0 \cdot e^{-\alpha z} \quad \Rightarrow \quad P(5.000\,\mathrm{m}) = 10^{-3}\,\mathrm{W} \cdot e^{-1,4 \cdot 10^{-4} \cdot 5.000} = 4,966 \cdot 10^{-4}\,\mathrm{W}$$

b) Fehlerfortpflanzung

$$\varepsilon P = \left| \frac{\partial P}{\partial P_0} \right| \varepsilon P_0 + \left| \frac{\partial P}{\partial \alpha} \right| \varepsilon \alpha + \left| \frac{\partial P}{\partial z} \right| \varepsilon z$$

$$\left| \frac{\partial P}{\partial P_0} \right| \varepsilon P_0 = e^{-\alpha \cdot z} \cdot \varepsilon P_0 = 2,4829 \cdot 10^{-5}\,\mathrm{W}$$

$$\left| \frac{\partial P}{\partial \alpha} \right| \varepsilon \alpha = z \cdot P_0 \cdot e^{-\alpha \cdot z} \cdot \varepsilon \alpha = 1,738 \cdot 10^{-5}\,\mathrm{W}$$

$$\left| \frac{\partial P}{\partial z} \right| \varepsilon z = \alpha \cdot P_0 \cdot e^{-\alpha \cdot z} \cdot \varepsilon z = 6,9522 \cdot 10^{-8}\,\mathrm{W}$$

Gesamtfehler : $\varepsilon P = 4,2279 \cdot 10^{-5}\,\mathrm{W}$

Relativer Fehler : $\delta P = \dfrac{\varepsilon P}{P} \cdot 100\% = 8,5\%$

Lösung zu A 3.9 (Reihenschaltung von Kondensatoren)

a) Gesamtkapazität: $C = \dfrac{C_1 \cdot C_2}{C_1 + C_2} = \dfrac{15 \cdot 13}{15 + 13}\,\mu\mathrm{F} = 6,96\,\mu\mathrm{F}$

b) Gesamtfehler: $\varepsilon C = \left| \dfrac{\partial C}{\partial C_1} \right| \varepsilon C_1 + \left| \dfrac{\partial C}{\partial C_2} \right| \varepsilon C_2$

$$\left| \frac{\partial C}{\partial C_1} \right| \varepsilon C_1 = \frac{C_2^2}{(C_1 + C_2)^2} = \frac{13^2}{(15 + 13)^2} \cdot 0,75\,\mu\mathrm{F} = 0,1617\,\mu\mathrm{F}$$

$$\left| \frac{\partial C}{\partial C_2} \right| \varepsilon C_2 = \frac{C_1^2}{(C_1 + C_2)^2} = \frac{15^2}{(15 + 13)^2} \cdot 1,3\,\mu\mathrm{F} = 0,3731\,\mu\mathrm{F}$$

Gesamtfehler: $\varepsilon C = 0,5348\,\mu\mathrm{F}$ oder $\delta C = 7,68\%$

c) Teilfehler Kondensator C_1: $\varepsilon C_1 = 0{,}162\,\mu F$

   Teilfehler Kondensator C_2: $\varepsilon C_2 = 0{,}373\,\mu F$

Lösung zu A 3.10 (Abkühlung von Saft (Kalorimetrie))

a) Für die Endtemperatur (Mischtemperatur) des Saftes werden die gegebenen Größen eingesetzt in

$$\vartheta_M = \frac{m_s \cdot c_w \cdot \vartheta_s + m_E \cdot [c_E \cdot (\vartheta_E - \vartheta_0) - S_E + c_w \cdot \vartheta_0]}{c_w \cdot (m_s + m_E)}$$

folgt $\vartheta_M = 276{,}5\,\text{K} = 3{,}35\,^\circ C$

b) Der Fehler $\varepsilon\vartheta_M$ berechnet sich zu

$$\varepsilon\vartheta_M = \left|\frac{\partial\,\vartheta_M}{\partial\,m_s}\right|\varepsilon m_s + \left|\frac{\partial\,\vartheta_M}{\partial\,m_E}\right|\varepsilon m_E$$

$$\left|\frac{\partial\,\vartheta_M}{\partial\,m_s}\right|\varepsilon m_s = \left|\frac{\vartheta_s}{m_s + m_E} - \right.$$

$$\left. \frac{m_s \cdot c_w \cdot \vartheta_s + m_E \cdot [c_E \cdot (\vartheta_E - \vartheta_0) - S_E + c_w \cdot \vartheta_0]}{c_w \cdot (m_s + m_E)^2}\right|\varepsilon m_s$$

$$\left|\frac{\partial\,\vartheta_M}{\partial\,m_E}\right|\varepsilon m_E = \left|\frac{c_E \cdot (\vartheta_E - \vartheta_0) - S_E + c_w \cdot \vartheta_0}{c_w \cdot (m_s + m_E)} - \right.$$

$$\left. \frac{m_s \cdot c_w \cdot \vartheta_s + m_E \cdot [c_E \cdot (\vartheta_E - \vartheta_0) - S_E + c_w \cdot \vartheta_0]}{c_w \cdot (m_s + m_E)^2}\right|\varepsilon m_E$$

Einsetzen der gegebenen Größen und der Teilfehler ergibt für den Gesamtfehler:

$$\varepsilon\vartheta_M = 0{,}66\,\text{K}$$

Gesamtergebnis: $\vartheta_M = (3{,}35 \pm 0{,}66)\,^\circ C$

4 Auswertung von Messreihen - Datenanalyse

Nach Durchführung eines Versuches liegen die Messdaten in den meisten Fällen in *tabellarischer Form* vor. Handelt es sich um kleine Tabellen, so lassen sich die Informationen noch sehr strukturiert und übersichtlich darstellen. Für große Datenmengen sind die reinen Zahlenreihen oft unübersichtlich, nur schwer zu interpretieren und Zusammenhänge lassen sich nicht erkennen. Zur Veranschaulichung *größerer Datenmengen* besitzt die grafische Darstellung gegenüber einer numerischen Tabellen-Darstellung wesentliche Vorteile. Das beruht darauf, dass das menschliche Auge mit dem angeschlossenen neuronalen Netzwerk des Gehirns zur hochgradigen Parallelverarbeitung von sehr großen Datenmengen in der Lage ist und dabei sehr schnell die wesentlichen Informationen aus Bildern extrahieren kann.

4.1 Tabellenerstellung

In Berichten, Vorträgen, Protokollen, u.s.w. werden die Ergebnisse von Messungen, Berechnungen und Auswertungen mit exakten Zahlen belegt, die üblicherweise in Tabellen aufgelistet werden. Ganz allgemein sind Tabellen matrixartige Anordnungen mit Zeilen und Spalten, die Felder definieren, die auch 'Zellen' genannt werden. Sie besitzen immer eine *Kopfzeile* und eine *Führungsspalte* [DIN78, Her09]. Die Kopfzeile enthält die Oberbegriffe zu den Spalten und die Führungsspalte enthält die Oberbegriffe zu den Zeilen.

Im folgenden wird auf die wesentlichen Aspekte der Darstellung von Tabellen und auf typografische Maßnahmen zur Erhöhung ihrer Übersichtlichkeit eingegangen. Eine umfassende, weiterführende Darstellung ist z.B. in dem Buch von L. HERING, H. HERING zu finden [Her09], dem auch Teile der nachfolgenden Darstellungen entnommen sind.

Das Ziel jeder tabellarischen Darstellung muss es sein, die Daten so anzuordnen, dass ein einfaches Erfassen der wesentlichen Aspekte möglich ist. Zunächst ist festzulegen, welche Größe in der Kopfzeile bzw. in der Führungsspalte dargestellt werden soll. Bei kleinen Tabellen lassen sich die Informationen noch recht übersichtlich und strukturiert darstellen, für größere Datenmengen ist dieses problematisch. Hier bietet sich die Darstellung in einem Diagramm an. Da im Bereich der Natur- und Ingenieurwissenschaften die Auswertungen mit exakten Zahlen zu belegen sind, bietet es sich an, umfangreiche Tabellen in den Anhang oder auf einem Datenträger zur Verfügung zu stellen.

Die Tabellengestaltung wirkt sich stark auf die Übersichtlichkeit aus. Zur strukturierten Darstellung sollten senkrechte und waagerechte Linien zur Abgrenzung der Zellen und z.B. Doppellinien oder breite Linien zur Abtrennung der Kopfzeile und Führungsspalte benutzt werden [Her09, DIN78].

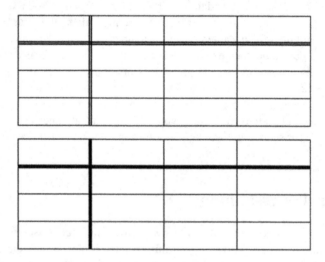

Abbildung 4.1: Gestaltungsarten für Tabellen

Tabelle 4.1: Tabellenbeispiel mit breiten Linien

Temperatur / °C	Luftdruck / hPa	Luftfeuchte / %
10	1003	48
15	1005	43
20	1010	40
25	1011	37
30	1014	35

Der Einsatz von schraffierten oder gerasterten Flächen in der Kopfzeile und Führungsspalte führt ebenso zu einer betonten Strukturierung, sollte aber mit Vorsicht eingesetzt werden. Sind Kopien der Tabelle zu erstellen, so erscheinen solche Flächen evtl. scheckig und Kontraste werden verfälscht.

4.2 Anfertigung professioneller Diagramme

Eine grafische Darstellung von Messdaten, also die Auftragung der Daten in ein Koordinatensystem, ermöglicht das einfache Erkennen von z.B. physikalischen, medizinischen oder wirtschaftlichen Abhängigkeiten.

Dazu ist es allerdings notwendig, die „richtige" Darstellungsform zu wählen, die die vorliegenden Abhängigkeiten auch offen legt. Im folgenden werden unterschiedliche Grafiktypen und Darstellungsformen vorgestellt, und es wird deutlich werden, wie sehr die Wahl des Grafiktyps die Analyse und den ersten optischen Eindruck beeinflussen können.

Beispiel 4.1 (Optischer Eindruck - Allgemein)
Bewegt sich ein Körper mit einer konstanten Geschwindigkeit, so legt er in gleichen Zeitintervallen gleiche Wegstrecken zurück. In einem sogenannten (s,t)-Diagramm, das den zurückgelegten Wegen gegen die Zeit aufträgt, erhält man daher eine lineare Beziehung, eine Gerade. Ausgehend von einer Bewegung aus dem Ruhezustand ergibt sich das in Abb. 4.2 dargestellte Diagramm.

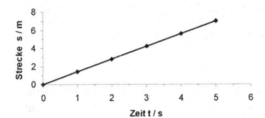 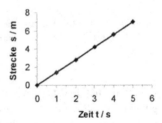

Abbildung 4.2: Weg-Zeit-Gesetz einer gleichförmigen Bewegung. Die Steigung der Geraden ist unabhängig vom gewählten Maßstab.

Die Steigung der Geraden ist in allen Punkten identisch. Sie ist definiert als der Tangens des Steigungswinkels, Gegenkathete durch Ankathete. Dem optischen Eindruck nach erscheint die Gerade im rechten Diagramm 'scheinbar' steiler als die im linken Diagramm. Es liegen jedoch die selben Skalierungen zugrunde, dass linke Diagramm (Abb. 4.2) wurde nur in x-Richtung gestreckt.

Die Steigung 'm' der Geraden ist in beiden Darstellungen gleich, sie bestimmt sich zu

$$m = \tan\alpha = \frac{\Delta s}{\Delta t} = \frac{5,6\,\mathrm{m}}{4\,\mathrm{s}} = 1,4\,\frac{\mathrm{m}}{\mathrm{s}}$$

Diese Steigung entspricht der mittleren Geschwindigkeit.

Beispiel 4.2 (Optischer Eindruck - Umsatzentwicklung)

Ein Vertreter für Rechnersysteme wird von der Geschäftsführung aufgefordert, die Entwicklung seines Umsatzes für die letzten sechs Monate vorzulegen. Sein Interesse ist es natürlich, sich gegenüber den Vorgesetzten als einen guten Vertreter darzustellen. Er trägt seine Verkaufszahlen wie in Abb. 4.3 zu sehen in zwei Varianten auf.

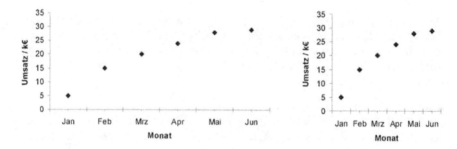

Abbildung 4.3: Umsatz für die Monate Januar bis Juni. Das rechte Diagramm suggeriert einen deutlichen Anstieg des Umsatzes.

Obwohl in beiden Beispielen die Diagramme auf demselben Datensatz beruhen, erweckt die linke Grafik aufgrund des optischen Eindrucks einen geringeren Anstieg als die rechte Grafik in Abb. 4.3.

In technischen und naturwissenschaftlichen Bereichen gelten andere Anforderungen an die Darstellung von Daten und Auswertungen. Wir beschäftigen uns daher im Folgenden mit den Regeln für die Anfertigung professioneller Diagramme.

Die Erstellung *professioneller Diagramme* erfolgt heutzutage oft unter Einsatz kommerzieller Programme für Rechnersysteme. Bevor allerdings solche Programme sinnvoll einsetzt werden können, muss das Verständnis für die Grundlagen der Auswertung und Darstellung von Daten vorhanden sein. Nur dann kann beurteilt werden, ob die mit Programmen auf PC-Systemen erzeugten Diagramme richtig und sinnvoll sind.

Üblicherweise wird die unabhängige Veränderliche (Variable), d.h. die vom Experimentator *eingestellte Größe x* längs der horizontalen Achse, der *Abszisse*, aufgetragen. Die abhängige Variable, also die *abgelesene Größe y* wird längs der vertikalen Achse, der *Ordinate* aufgetragen. Die Wirkung y wird also als Funktion der Ursache x aufgezeichnet.

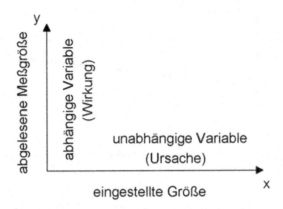

Abbildung 4.4: Übliche Diagrammauftragung: Wirkung y als Funktion der Ursache x

Die beiden Achsen werden beschriftet. Dieses beinhaltet:

1. Bezeichnungen der aufgetragenen physikalischen Größen oder meistens kurz ihre Symbole.

2. Einige wenige runde Maßstabszahlen (ca. 4 - 6 Zahlen) für die Koordinatenachsen und Maßstabseinheiten, die in einfacher Beziehung zur mm-Teilung des Millimeterpapiers stehen; z.B. 1 Einheit $\stackrel{\triangle}{=}$ 1 cm, 2 cm oder 5 cm, eventuell 2,5 cm, aber nicht 3 cm, da eine Interpolation zu schwierig ist.

3. Am Koordinatenursprung sollte für beide Skalen eine Null angeschrieben werden, wenn kein unterdrückter Nullpunkt vorliegt. Zehnerpotenzen werden oft mit Einheiten zusammengefasst.

4. Sind zwei physikalische Größen einander proportional, so werden häufig zwei Messskalen an dieselbe Koordinatenachse angetragen. Eine der Skalen wird dann i.allg. nicht mehr mit der mm-Teilung korrespondieren.

Für die Erstellung von Diagrammen sollte nur Millimeter-Papier oder Papier mit entsprechender Spezialteilung verwendet werden, da für einfach kariertes Papier

die Auswertegenauigkeit um eine Größenordnung schlechter sein kann. Der Maßstab wird zweckmäßigerweise so gewählt, dass sich die Messpunkte über mehr
als 3/4 der Diagramm-Breite und -Höhe verteilen. Dabei ist gegebenenfalls ein
unterdrückter Nullpunkt zu verwenden.

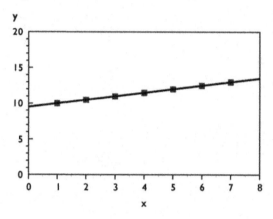

Abbildung 4.5: Maßstab in y-Richtung zu klein / Einheiten fehlen

Durch die streuenden Messpunkte wird eine glatte, ausgleichende Kurve gelegt,
wenn die Form der Kurve bekannt ist. In vielen Fällen genügt eine Kurve „nach
Augenmaß" (Abb. 4.6). Sind keine Messpunkte eingetragen, so wird allgemein
davon ausgegangen, dass die Kurve mittels Simulation oder Berechnungen erzeugt
wurde.

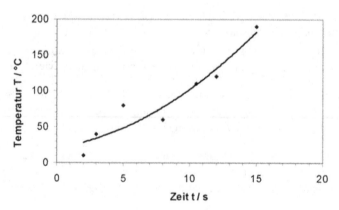

Abbildung 4.6: Temperaturverlauf in einem Ofen

Für heutige Rechnersysteme und Taschenrechner gibt es eine Vielzahl von Programmen zur Datenanalyse und Datendarstellung, die in ihrer Leistungsfähigkeit sehr unterschiedlich sind. Die streuenden *Messpunkte in einer Zickzacklinie zu verbinden, ist physikalisch unsinnig*, denn zusätzliche Messwerte werden nicht auf den geraden Verbindungslinien liegen. Es wird keinen physikalischen Zusammenhang geben, der erklärt, warum die Steigung der Geradenstücke sich von einem Messpunkt zum nächsten ändert (Abb. 4.7).

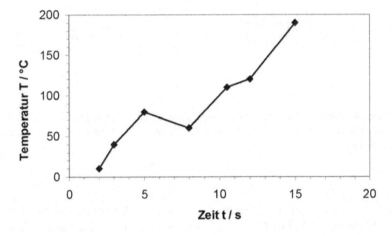

Abbildung 4.7: Unsinnige geradlinige Verbindungslinien - FALSCH

Die Messpunkte für experimentelle Kurven müssen immer eingezeichnet werden, denn sie geben Auskunft über Streuung, systematische Abweichungen, Ausreißer usw.

Werden in einem Diagramm mehrere Kurven eingezeichnet, so kann über eine Legende eine eindeutige Zuordnung erfolgen (Abb. 4.8).

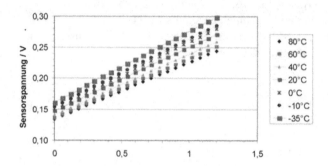

Abbildung 4.8: Abhängigkeit der Sensorspannung eines Drucksensors für unterschiedliche Umgebungstemperaturen von -35 °C bis +80 °C . Die Zuordnung der Kurven zur Temperatur erfolgt über die Legende.

In Abb. 4.9 ist ein Diagramm dargestellt, in dem der y-Achse eine äußere und eine innere Skala zugeordnet sind. Das Diagramm beschreibt für zähe Flüssigkeiten die Abhängigkeit der Durchflusszeiten t und der Zähigkeit η von der Temperatur.

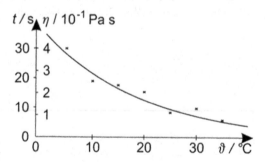

Abbildung 4.9: Diagramm mit zwei Ordinatenskalen - Temperaturabhängigkeit der Durchflusszeiten t und der Zähigkeit η als Funktion der Temperatur ϑ für zähe Flüssigkeiten [Eic01].

4.3 Grafiktypen (Block, Kreis, Torte, Punkt, xy, ...)

Für heutige PC-Systeme gibt es eine Vielzahl von Programmen (Textbearbeitung, Grafik, Tabellenkalkulation), mit denen leicht und schnell Diagramme erstellt werden können. Tabellenkalkulationsprogramme sind ursprünglich für Anwendungen in kaufmännischen und wirtschaftlichen Bereichen entwickelt worden. Daher bieten sie eine breite Palette von Säulen-, Balken-, Torten-, Kreisdiagrammen u.s.w. an. Diese Grafiktypen kommen in naturwissenschaftlichen und technischen Bereichen weniger zum Einsatz, ja sie sind teilweise unbrauchbar, da Verhältnisse verzerrt und Proportionen nicht erkennbar sind. Für größere Datenmengen sind sie ebenso nicht nutzbar.

Im folgenden werden daher nur kurz einige Beispiele für diesen Typ von Diagrammen aufgeführt. Auf die für die natur- und ingenieurwissenschaftlichen Bereiche wichtige Darstellungsform (xy Punkt, ...) wird im nachfolgenden Kapitel eingegangen. In Abb. 4.10 sind in Form eines Balkendiagramms die Sensorspannungen des Drucksensors aus Abb. 4.8 ausschließlich für eine Temperatur von +80°C dargestellt.

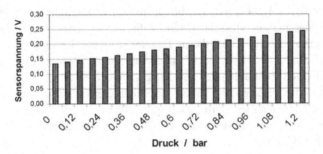

Abbildung 4.10: Darstellung der Sensordaten für den Drucksensor (aus Abb. 4.8) in einem Balkendiagramm für die Temperatur +80°C

Es ist offensichtlich, dass dieser Diagrammtyp die wesentliche Forderung nach einer klaren und eindeutigen Auftragung nicht erfüllt. Das Ablesen der Sensorspannungen ist ungenau und auf der x-Achse ist der Druckbereich gleichmäßig (äquidistant) unterteilt. Wird die 3D-Variante als Diagrammtyp ausgewählt, so ist zudem ein Ablesen der Sensordaten unmöglich (Abb. 4.11).

Ähnlich sehen die Ergebnisse für die ebenso verfügbaren Diagrammtypen Fläche, Kreis, Ring, Blase, ... aus. Für die natur- und ingenieurwissenschaftlichen Bereiche ist ausschließlich der Diagrammtyp 'Punkt (xy)' (je nach Programm auch 'xy (Streu)' oder 'xy-Punkt' bezeichnet) nutzbar.

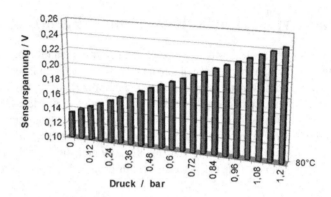

Abbildung 4.11: Darstellung der Sensordaten für den Drucksensor (aus Abb. 4.8) in einem 3D-Balkendiagramm für die Temperatur +80 °C

4.4 Achsenteilungen

Wie im vorherigen Kapitel gezeigt, liefert nur der Diagrammtyp 'xy-Punkt' die richtige Darstellung der Messdaten. Ein häufig bei der Erstellung von Diagrammen auftretender Fehler ist es, die in Tabellenkalkulationsprogrammen angebotenen Diagrammtypen 'Linie' oder 'Liniendiagramm' zu nutzen. Zunächst sieht das Ergebnis auch recht ordentlich aus, jedoch zeigt eine genaue Prüfung des Diagramms, dass die Teilung der x-Achse gleichmäßig erfolgt, d.h. der Abstand der Datenpunkte ist immer gleich groß. Man spricht dann von einer sogenannten *äquidistanten Achsenteilung*. In den meisten Fällen liegen Messdaten jedoch nicht in gleichen Abständen vor.

4.4.1 Äquidistante Achsenteilung

Als Beispiel zur Verdeutlichung der Auswirkungen einer äquidistanten Achsenteilung auf den Kurvenverlauf betrachten wir die folgenden Messdaten. Jeweils nach der Zeit t wurde die Temperatur T eines Lötkolbens während der Aufheizphase gemessen.

Beispiel 4.3

Zeit t / s	2	3	5	8	10,5	12	15
Temperatur T / °C	10	40	80	60	110	120	160

Die Messdaten sind in Abb. 4.12 in dem Diagrammtyp 'Linie' dargestellt und zur Verdeutlichung der Zusammenhänge wurden hier (ausnahmsweise) die einzelnen Datenpunkte mit
Geraden verbunden.

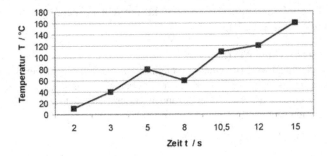

Abbildung 4.12: FALSCHE Darstellung der Messdaten - äquidistante Teilung der x-Achse
(Zeitachse) und Geradenstücke zwischen den Messpunkten

Wie in dem Diagramm in Abb. 4.12 zu sehen, hat jeder Datenpunkt zum Nachbarpunkt
einen festen, gleich großen Abstand. Ein Blick auf die Datentabelle zeigt, dass dieses falsch
ist. Die Differenzen der aufeinander folgenden Zeiten beträgt 1 s, 2 s, 3 s, 2,5 s, 1,5 s und
3 s, d.h. eine korrekte Darstellung, die die Proportionen richtig wiedergibt, ist nur mit dem
Diagrammtyp 'xy-Punkt' erreichbar (Abb. 4.13).

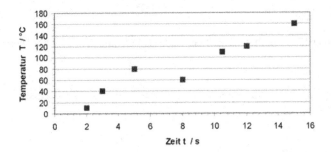

Abbildung 4.13: RICHTIGE Darstellung der Messdaten durch lineare Skalierung der x-
Achse

Beide Koordinatenachsen in Abb. 4.13 sind linear geteilt und die Abstände der Datenpunkte
zueinander entsprechen den Messwerten.

4.4.2 Lineare Achsenteilung

Der in der Praxis am häufigsten genutzte Diagrammtyp zur Darstellung von Daten oder Berechnungen besitzt eine lineare Skalierung der x-Achse und der y-Achse. Wie zuvor gezeigt, kann diese Skalierung der Achsen in Tabellenkalkulationsprogrammen mit den Diagrammtypen 'xy-Punkt' erreicht werden. Betrachten wir zur Verdeutlichung zwei Beispiele.

Beispiel 4.4 (Senkrechter Wurf)
In einem Schwimmbad wird von einem Sprungturm der Höhe $h = 10\,\text{m}$ ein Ball mit einer Anfangsgeschwindigkeit $v_0 = 5\,\frac{\text{m}}{\text{s}}$ senkrecht nach oben geworfen. Zeichnen Sie die (v,t)- und (s,t)-Diagramme für die ersten zwei Sekunden. Geschwindigkeit $v(t)$ und aktuelle Höhe $y(t)$ berechnen sich nach:

$$\text{Geschwindigkeit} \quad v(t) \quad = \quad v_0 - g \cdot t$$

$$\text{Höhe} \quad s(t) \quad = \quad y(t) = h + v_0 \cdot t - \frac{1}{2} g \cdot t^2$$

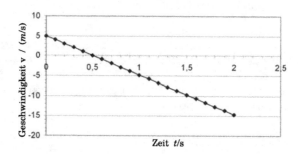

Abbildung 4.14: Geschwindigkeit des Balls als Funktion der Zeit ((v,t)-Diagramm)

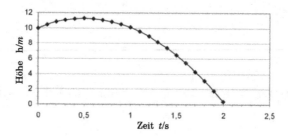

Abbildung 4.15: Höhe des Balls als Funktion der Zeit ((s, t)-Diagramm)

Wie der Abb. 4.14 zu entnehmen ist die Geschwindigkeit nach ca. 0,5 s gleich Null, d.h. es ist der höchste Bahnpunkt erreicht (Abb. 4.15). Danach bewegt sich der Ball im freien Fall nach unten.

Beispiel 4.5 (Hookesches Federgesetz)
Zwei unterschiedliche Federn, eine weichere mit der Federkonstanten $D_1 = 400\,\frac{N}{m}$ und eine härtere mit der Federkonstanten $D_2 = 1500\,\frac{N}{m}$, werden um eine Strecke $x = 10\,mm$ gedehnt. Stellen Sie den Verlauf der Federkraft für beide Federn in *einem* Diagramm dar. Für die Federkraft gilt $F = D \cdot x$.

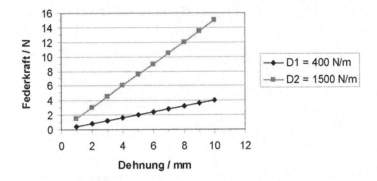

Abbildung 4.16: Federkraft als Funktion der Dehnung für zwei Federn

Wie Abb. 4.16 zeigt, steigt mit zunehmender Dehnung der Federn die dazu notwendige Kraft linear an. Die stärkere Feder 2 erfordert erwartungsgemäß einen größeren Kraftaufwand.

4.4.3 Logarithmische Achsenteilung

Für die Darstellung vieler physikalischer Zusammenhänge ist es sinnvoll, eine oder beide Koordinatenachsen mit einer logarithmischen Skalierung zu versehen. Grundsätzlich gibt es zwei Gründe für die Wahl einer logarithmische Achsenteilung:

1. Der physikalische Zusammenhang rechtfertigt eine logarithmische Darstellung

2. Der Werte- und/oder der Funktionsbereich der Daten überstreicht mehrere Größenordnungen (d.h. mehrere Zehnerpotenzen), so dass mit einer linearen Skalierung keine sinnvolle Darstellung erreicht werden kann.

Ein entsprechendes Funktionspapier ist im Handel erhältlich und heißt *halblo-garithmisches Koordinatenpapier*, wenn eine Achse logarithmisch und die andere Achse linear geteilt ist. Sind beide Achsen logarithmisch geteilt, so heißt das Funktionspapier *doppellogarithmisches Koordinatenpapier*. Die Funktionspapiere sind mit einer unterschiedlichen Anzahl an Dekaden erhältlich, z.B. von 1 bis 100 (2 Dekaden) oder von 1 bis 10000 (4 Dekaden). Nachfolgende Abb. 4.17 zeigt zur Verdeutlichung eine logarithmische x-Achse mit einer Dekade von 1 bis 10. Deutlich zu erkennen ist, dass die Abstände des Gitternetzes nicht mehr linear, sondern logarithmisch geteilt sind. Weitere Details über den Aufbau logarithmischer Koordinatenpapiere sind im Anhang B zu finden.

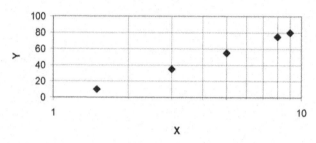

Abbildung 4.17: Logarithmische x-Achse mit einer Dekade von 1 bis 10

Besitzen die Werte $x = 1$ und $x = 10$ in dem Diagramm Abb. 4.17 einen Abstand d, so berechnet sich z.B. die Position des zweiten Datenpunktes bei $x = 3$ nach "$d \cdot \log 3$".

Beispiel 4.6
Betrachten wir folgenden Datensatz:

x	0,5	5	10	100	200
y	10	35	45	70	80

Bei linearer Teilung beider Koordinatenachsen ergibt sich das in Abb. 4.18 dargestellte Diagramm. Insbesondere die kleinen Datenwerte liegen nahe beieinander und werden nur mit einer geringen Auflösung dargestellt.
Eine Logarithmierung der x-Achse verbessert die Auflösung und bewirkt in diesem Beispiel eine Linearisierung des Kurvenverlaufes (Abb. 4.19) – mehr dazu und weiterführende Aufgaben sind in Kapitel 5 und Kapitel 6 zu finden.
Soll eine logarithmische Skala manuell auf Millimeterpapier erzeugt werden, so ist bei der Berechnung der Positionen auf der logarithmischen Achse zu beachten, dass der $\log(1) = 0$ und der Logarithmus für Werte kleiner Eins (z.B. $\log(0,2) = -0,699$) negativ ist. Mehr dazu in den Anhängen A und B.

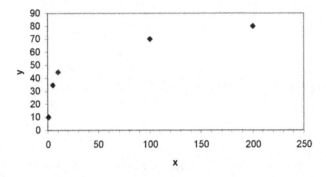

Abbildung 4.18: Beide Koordinatenachsen sind linear geteilt. Besonders die ersten Daten-punkte liegen eng zusammen.

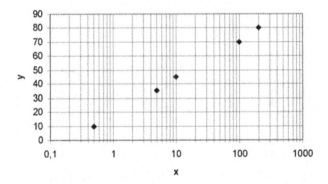

Abbildung 4.19: Logarithmisch geteilte x-Achse über vier Dekaden führt in diesem Beispiel zu einer besseren Darstellung der kleinen Datenwerte

4.5 Erhöhung der Genauigkeit grafischer Darstellungen, Normierung

Wie in Kapitel 4.2 gezeigt, sollen die Messpunkte für eine sinnvolle Darstellung auf ca. 3/4-tel der zur Verfügung stehenden Diagrammbreite und -höhe aufgeteilt werden. Liegen die Daten weit vom Nullpunkt entfernt, so wird ein großer Teil der Diagrammfläche nicht benutzt (Abb. 4.20). Zur Erhöhung der Genauigkeit ist hier die Verwendung eines *unterdrückten Nullpunktes* angebracht (Abb. 4.21).

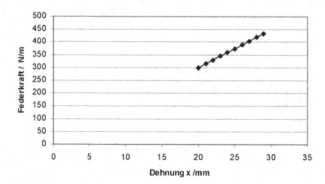

Abbildung 4.20: Die Messdaten liegen entfernt vom Nullpunkt - schlechte Nutzung der Diagrammfläche

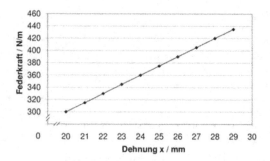

Abbildung 4.21: Eine Nullpunktunterdrückung führt zu einer besseren Darstellung der Datenpunkte

Die Maßstäbe für die x- und y-Achsen sind so angepasst, dass eine gute Ausnutzung der Diagrammfläche erfolgt. Angezeigt wird die Nullpunktunterdrückung durch eine Unterbrechung der Skalierung auf den x- und y-Achsen.

Soll der prinzipielle Verlauf von physikalischen oder technischen Zusammenhängen dargestellt werden oder sind nicht alle Variablen einer Funktion gegeben, so bietet sich eine **Normierung** der Koordinatenachsen an. Hierbei wird auf den Achsen lediglich das *Verhältnis* der darzustellenden Größe zu einem Bezugswert dargestellt. Die sich ergebende Grafik ist dadurch für alle Werte anwendbar und nicht an ganz bestimmte Variablenwerte gebunden.

Beispiel 4.7

Betrachten wir die Entladung eines Kondensators der Kapazität C, der auf eine Anfangsspannung U_0 aufgeladen ist, über einen Widerstand R. Es gilt:

$$U_C(t) = U_0 \cdot e^{-\frac{1}{RC} \cdot t} \tag{4.1}$$

Im Beispiel 6.3 sind hierzu Zahlenwerte gegeben, wir können aber bereits hier den grundsätzlichen Verlauf betrachten. Dazu berechnen wir die Wertetabelle für die Funktion:

$$\frac{U_C(t)}{U_0} = e^{-\left(\frac{t}{RC}\right)} \tag{4.2}$$

Tabelle 4.2: Wertetabelle der normierten Funktion

t / RC	U_C / U_0
0,0	1,00
0,2	0,82
0,4	0,67
0,6	0,55
0,8	0,45
1,0	0,37
1,2	0,30
1,4	0,25
1,6	0,20
1,8	0,17
2,0	0,14
2,2	0,11
2,4	0,09
2,6	0,07
2,8	0,06
3,0	0,05

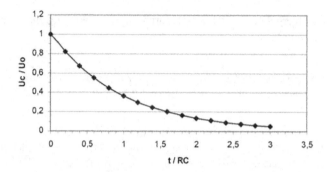

Abbildung 4.22: Normierte Darstellung der Entladung eines Kondensators

Die x-Achse in Abb. 4.22 ist normiert auf $R \cdot C$ und auf der y-Achse ist $\frac{U_C}{U_0}$ aufgetragen. Sind in einer späteren Anwendung die Werte für R, C, U_0 gegeben, so wird dieser Kurvenverlauf entsprechend der Werte neu skaliert, der grundsätzliche Verlauf bleibt aber unverändert.

4.6 Aufgaben

A 4.1 (Längenausdehnung)
Für die Karosserie eines Fahrzeugs werden Komponenten aus Stahl und Aluminium benutzt. Unterschiedliche Längenänderungen führen zu mechanischen Spannungen an Verbindungspunkten. Vergleichen Sie die Längenausdehnungen der beiden Werkstoffe im Temperaturbereich -40 °C bis +85 °C , in dem Sie die Längenänderung als Funktion der Temperaturdifferenz $\Delta\vartheta$ in einem Diagramm auftragen. Für die Längenänderung Δl gilt

$$\Delta l = \alpha \cdot l_0 \cdot \Delta\vartheta.$$

Folgende Parameter sind gegeben:

$$\text{Länge} \qquad l_0 = 2\,\text{m}$$

$$\text{Längenausdehnungskoeffizienten} \qquad \alpha_{\text{Stahl}} = 11{,}1 \cdot 10^{-6}\,\tfrac{1}{\text{K}}$$

$$\alpha_{\text{Al}} = 23{,}8 \cdot 10^{-6}\,\tfrac{1}{\text{K}}$$

A 4.2 (Bahnkurve beim Kugelstoßen)
In einem Leichtathletik-Wettkampf stößt ein Kugelstoßer seine Eisenkugel mit einer Abwurfgeschwindigkeit $v_0 = 14\,\tfrac{\text{m}}{\text{s}}$ unter einem Winkel $\alpha = 40°$ ab. Aufgrund seiner Körper-

größe beträgt die Abwurfhöhe $y_0 = 2\,$m. Die Flugbahn kann berechnet werden mittels

$$y\,(x) = y_0 + \frac{v_{0y}}{v_{0x}} \cdot x - \frac{g}{2 \cdot v_{0x}^2} \cdot x^2 \quad \text{mit} \quad v_{0x} = v_0 \cdot \cos\alpha$$

$$v_{0y} = v_0 \cdot \sin\alpha$$

a) Stellen Sie die Flugbahn $y\,(x)$ in einem Diagramm dar.

b) Bestimmen Sie aus dem Diagramm, in welcher Entfernung die Kugel auf den Boden trifft.

c) Bestimmen Sie aus dem Diagramm die Lage des höchsten Bahnpunktes und seine Entfernung x zum Kugelstoßer.

A 4.3 (Si-Diodenstrom)

Für eine Si-Diode beträgt der Sättigungsstrom $I_S = 10^{-16}\,$A. Stellen Sie den Verlauf des Diodenstroms $I(U)$ als Funktion der Spannung U im Bereich von $0\,\text{V} \le U \le 0,9\,\text{V}$ grafisch dar. Für den Diodenstrom gilt:

$$I\,(U) = I_S \cdot \left(e^{\frac{U}{U_T}} - 1\right) \quad \text{mit} \quad U_T = 25,9\,\text{mV für }300\,\text{K}$$

A 4.4 (Barometrische Höhenformel)

Mit zunehmender Höhe h nimmt der Luftdruck $p(h)$ gemäß der Formel

$$p\,(h) = 1,01325 \cdot 10^5\,\text{Pa} \cdot e^{-1,256 \cdot 10^{-4}\,\frac{1}{m} \cdot h} \quad \text{ab.}$$

a) Tragen Sie in einem Diagramm den Verlauf des normierten Luftdrucks bis zu einer Höhe von $30\,$km auf.

b) Entnehmen Sie dem Diagramm, in welcher Höhe noch der halbe Luftdruck und nur noch 1/4 des Luftdrucks, verglichen mit dem am Boden, herrscht.

A 4.5 (Tunneldiode)

Tunneldioden (auch Esaki-Dioden genannt) werden im Hochfrequenzbereich zum Aufbau von Verstärkern und Oszillatoren eingesetzt. Sie besitzen in Flussrichtung eine Kennlinie, die von der Kennlinie einer Standard-Diode abweicht. Die Tunneldioden-Kennlinie kann (näherungsweise) durch folgende Gleichung beschrieben werden:

$$I\,(U) = I_p \frac{U}{U_p} \cdot e^{\left(1 - \frac{U}{U_p}\right)} + I_v \cdot e^{\left(10\,\frac{1}{V} \cdot (U - U_v)\right)} \quad \text{mit} \quad U_p = 0,1\,\text{V}\,, \quad I_p = 20\,\text{mA}$$

$$U_v = 0,6\,\text{V}\,, \quad I_v = 1\,\text{mA}$$

a) Berechnen Sie $I\,(U)$ für $0\,\text{V} \le U \le 1\,\text{V}$ und erstellen Sie eine Wertetabelle.

b) Stellen Sie die Kennlinie $I\,(U)$ im Bereich $0\,\text{V} \le U \le 1\,\text{V}$ grafisch dar. Achten Sie auf sinnvolle Intervall-Unterteilungen.

A 4.6 (Absorption radioaktiver Strahlung)

In einem Versuch wird das Absorptionsverhalten radioaktiver Strahlung in unterschiedlichen Absorberplatten der Dicke d gemessen. Dazu werden zwischen der Quelle und dem Zähler die Absorberplatten eingesetzt und die Teilchenzahl N pro Sekunde gemessen. Es ergeben sich folgende Messdaten :

d / mm	10	20	40	60	80
N / s	900	650	300	150	80

a) Stellen Sie die Messdaten grafisch in einem Koordinatensystem mit linearer Achsenteilung und mit halblogarthmischer Achsenteilung dar.

b) Welche formelmäßige Abhängigkeit vermuten Sie für diesen Datensatz ?

4.7 Lösungen

Lösung zu A 4.1 (Längenausdehnung)

Der gesamte Temperaturbereich überspannt $125\,°C$, d.h. 125 K. In einem Abstand von 10 K werden die Längenänderungen für Fe und Al berechnet und die Werte in ein Diagramm eingetragen.

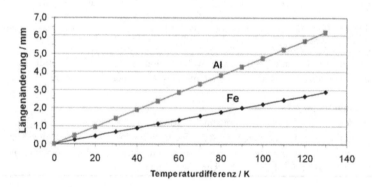

Lösung zu A 4.2 (Bahnkurve Kugelstoßen)

Die Wertetabelle berechnet sich zu:

x / m	0	2	4	6	8	10	12	14	16	18	20	22	24
y / m	2,00	3,51	4,67	5,50	5,98	6,13	5,93	5,39	4,51	3,29	1,72	-0,18	-2,43

a) Flugbahn der Eisenkugel

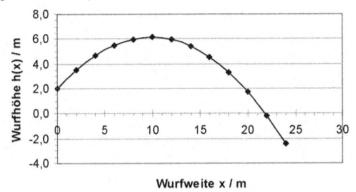

Wurfweite x / m

b) Die Kurve schneidet bei etwa $x = 22$ m die x-Achse, d.h. dort trifft sie auf den Boden auf.

c) Der höchste Bahnpunkt liegt etwa bei $x = 10$ m und die Kugel hat dort eine Höhe von ca. 6 m.

Lösung zu A 4.3 (Si-Diodenstrom)

Die Auftragung des Diodenstroms gegen die Diodenspannung in einem Diagramm mit linearer Achsenteilung zeigt den typischen Verlauf der Vorwärtskennlinie. Bis zum Erreichen der Schwellenspannung ist der Strom klein, so dass in dieser Darstellung alle berechneten Daten auf der x-Achse liegen. Ein Bereich von ca. 15 Größenordnungen, wie er hier vorliegt, ist mit einer linearen Skalierung nicht aufzulösen.

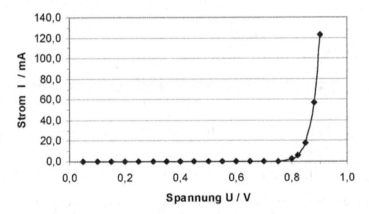

Spannung U / V

Eine logarithmische Skalierung hilft hier weiter.

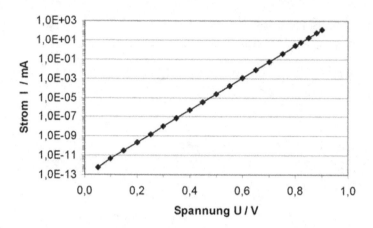

Nun lässt sich der Kurvenverlauf auch für die kleinen Ströme darstellen.

Lösung zu A 4.4 (Barometrische Höhenformel)

Auf der y-Achse tragen wir den normierten Luftdruck, d. h. bezogen auf den Standarddruck von $p_0 = 101325\,Pa$ auf. So lässt sich direkt ablesen, für welche Höhe sich der Luftdruck halbiert hat ($\frac{p}{p_0} = 0,5$ für $5500\,m$) und auf 1/4-tel abgesunken ist ($\frac{p}{p_0} = 0,25$ für $11000\,m$).

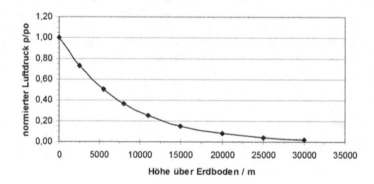

Normierter Luftdruck als Funktion der Höhe über dem Erdboden (Barometrische Höhenformel).

Lösung zu A 4.5 (Tunneldiode)

a) Bei der Berechnung der Wertetabelle ist darauf zu achten, dass speziell die Spannungswerte bis $U \approx 0,3\,V$ mit einer Schrittweite von maximal $50\,mV$ erfasst werden, damit das charakteristische Maximum nicht übersehen wird.

U / V	I / A	U / V	I / A
0,02	0,0089	0,55	0,0018
0,05	0,0165	0,60	0,0018
0,10	0,0200	0,65	0,0022
0,15	0,0182	0,70	0,0031
0,20	0,0147	0,75	0,0047
0,25	0,0112	0,80	0,0075
0,30	0,0082	0,85	0,0123
0,35	0,0058	0,90	0,0201
0,40	0,0041	0,95	0,0332
0,45	0,0029	1,00	0,0546
0,50	0,0022		

b) Auftragen der berechneten Werte in ein Diagramm ergibt:

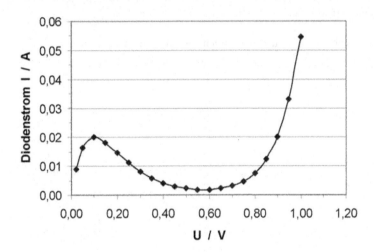

Typisch für eine Tunneldiode ist das kleine Maximum im Bereich zwischen 0 V und 0,3 V. Zum Vergleich betrachten Sie den Kurvenverlauf für eine Standard-Si-Diode in Aufgabe 4.3.

Lösung zu A 4.6 (Absorption radioaktiver Strahlung)

Auftragung der Messdaten in einem Diagramm mit zwei Achsenskalierungen.

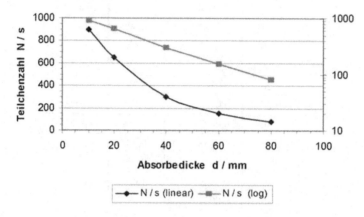

Die linke Koordinatenachse ist linear geteilt und der zugehörige Kurvenverlauf lässt gut den abfallenden exponentiellen Verlauf erkennen. Durch eine logarithmische Skalierung (rechte Koordinatenachse) erfolgt eine Linearisierung der Kurve.

Es wird daher ein exponentieller Zusammenhang vermutet: $y = A \cdot e^{B \cdot x}$

5 Lineare Ausgleichsrechnung

Betrachten wir technische und wissenschaftliche Probleme, so sind wir an Zusammenhängen zwischen den unterschiedlichen Variablen interessiert. Beispielsweise ist es bei der Messung des Reifendruckes von Autoreifen wichtig zu wissen, wie die Daten des Drucksensors von der Umgebungstemperatur abhängen. Kennt man den Zusammenhang, so lässt sich der Reifendruck bei winterlichen und sommerlichen Temperaturen richtig bestimmen.

Es sei die Größe y die sogenannte Zielgröße (die abhängige Variable), die gemessen wurde, und die Größe x die sogenannte Einflussgröße (die unabhängige Variable), die in einem bestimmten Intervall variiert. Ist die mathematische Form des Zusammenhangs zwischen der Einflussgröße und der Zielgröße bekannt, so kann eine Anpassung einer Funktion an die Datenpunkte erfolgen. Mit Hilfe der *Regressionsanalyse* wird dieses mathematische Modell durch Anpassung der Parameter an die vorhandenen Daten so angepasst, dass man die „bestmögliche" Beschreibung der Daten erhält. Es wird demnach eine Ausgleichskurve bestimmt, die eine möglichst gute Annäherung an die Messdaten liefert.

5.1 Grafische Bestimmung der linearen Ausgleichsgerade

Im einfachsten Fall gibt es eine einzige Zielgröße y, die von einer Einflussgröße x abhängt und zwischen ihnen besteht ein linearer Zusammenhang. Es wird also die Gleichung einer Geraden gesucht, die die Abhängigkeit bestmöglich beschreibt. Sie wird mittels der einfachen linearen Regression bestimmt. Zunächst betrachten wir im folgenden die grafische Bestimmung dieser Geraden. Im Kapitel 5.2 ist dann das mathematische Verfahren dargestellt, wie es auch in wissenschaftlichen Taschenrechnern oder Analyseprogrammen genutzt wird.

Die Methode lässt sich auch auf nichtlineare Zusammenhänge mit beliebig vielen Einflussgrößen erweitern, soweit sie durch geeignete Transformationen linearisiert werden können. Hierauf wird im Kapitel 6 eingegangen.

Die Geradengleichung hat allgemein die Form

$$y = f(x) = m \cdot x + b$$

Dabei gibt m die Steigung der Geraden und b den Achsenabschnitt, d. h. den Schnittpunkt der Geraden mit der y-Achse an. Steigt die Gerade mit wachsenden x-Werten, so ist $m > 0$, fällt hingegen die Gerade, so ist $m < 0$ (vgl. Abb. 5.1).

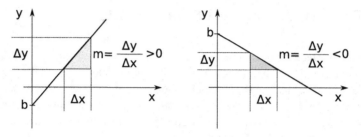

Abbildung 5.1: Verlauf einer Geraden mit positiver Steigung (links) und mit negativer Steigung (rechts)

Die Aufgabe der Regressionsrechnung besteht nun darin, die beiden *Regressionskoeffizienten* m und b zu bestimmen. Die Gleichung wird „lineare Regressionsgleichung" genannt.

Als Beispiel betrachten wir die Ausgangsspannung U eines Drucksensors für unterschiedliche Drücke p. Es wurden die folgenden Werte gemessen:

Tabelle 5.1: Ausgangsspannung eines Drucksensors als Funktion des Druckes

Druck p/Pa	Sensor-Spannung U_{out}/mV
1000	41,9
2000	48,2
3000	54,6
4000	61,0
5000	67,1
6000	73,5

Die Auftragung der Daten in ein Diagramm (Abb. 5.3) deutet darauf hin, dass ein linearer Zusammenhang zwischen dem Druck p und der Sensorspannung U besteht. Hier scheint ein einfaches lineares Regressionsmodell angemessen.

Durch die Datenpunkte wird eine Gerade gelegt, deren Abstand von den einzelnen Datenpunkten in Summe möglichst klein ist. Der Schnittpunkt dieser Geraden mit

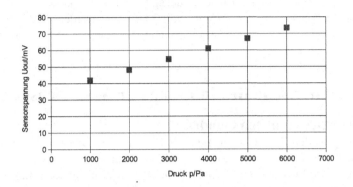

Abbildung 5.2: Sensorspannung U_{out} als Funktion des Umgebungsdrucks p

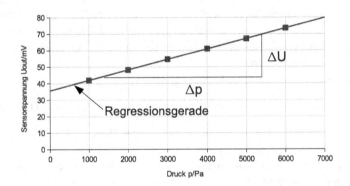

Abbildung 5.3: Anpassung der Ausgleichsgeraden an die Messdaten. Aus dem Diagramm lässt sich ablesen: $\Delta U = 25\,\text{mV}$, $\Delta p = 4000\,\text{Pa}$ und $U_0 = 35\,\text{mV}$.

der y-Achse liefert den Achsenabschnitt $b = U_0$. Mittels eines Steigungsdreieckes kann aus der Grafik die Steigung m ermittelt werden.

$$m = \tan(\varphi) = \frac{\Delta U}{\Delta p} = \frac{0{,}025\,\text{V}}{4000\,\text{Pa}} = 6{,}25 \cdot 10^{-6}\,\frac{\text{V}}{\text{Pa}}$$

Somit lautet die Gleichung für die Regressionsgerade

$$U(p) = m \cdot p + p_0 = 6{,}25 \cdot 10^{-6}\,\frac{\text{V}}{\text{Pa}} \cdot p + 0{,}035\,\text{V}$$

Für einen gegebenen Druck p (in der Druckeinheit „Pascal") kann die Ausgangs-spannung des Sensors (in der Einheit „Volt") bestimmt werden. In der späteren Anwendung wird umgekehrt die Sensorspannung U gemessen und der dazu gehö-rende Druckwert zugeordnet.

5.2 Rechnerische Bestimmung der Ausgleichsgerade

(Methode der kleinsten Quadrate)

Im vorhergehenden Kapitel wurden die Messdaten in ein Diagramm aufgetragen und anschließend grafisch die Regressionskoeffizienten m und b bestimmt. Im folgenden betrachten wir die Methoden, die für eine rechnerische Bestimmung dieser Koeffizienten eingesetzt werden.

Wir gehen davon aus, dass wir für mehrere Werte x_i die Zielgrößen y_i gemessen haben. Tragen wir diese Datenpunkte $P_i(x_i, y_i)$ in ein Koordinatensystem ein, so ergibt sich das in Abb. 5.2 dargestellte Diagramm. Nun versuchen wir eine Gerade zu berechnen, die möglichst „in der Nähe" der Messdaten liegt. Es wird zunächst eine Gerade, also eine lineare Ausgleichskurve mit der Gleichung $y = mx + b$ be-stimmt, da dieser Fall in den Anwendungen besonders häufig auftritt und gleich-zeitig der einfachste Fall ist.

Ausgangspunkt ist demnach die Geradengleichung

$$y = f(x) = mx + b \qquad \text{mit der Steigung } m \text{ und dem Achsenabschnitt } b.$$

Für bekannte Werte von m und b lässt sich für jeden Wert der Einflussgröße x ein Schätzwert y der Zielgröße berechnen.

Dazu sind die noch unbekannten Parameter m und b dieser Ausgleichsgeraden zu bestimmen. Die tatsächlichen Ergebnisse y_i weichen von den Schätzwerten $f(x_i) = mx_i + b$ mehr oder weniger stark ab. Ziel ist es, die Summe dieser Ab-weichungen über alle N Messwerte so klein wie möglich zu machen. Wie Abb. 5.4 zeigt, werden Messpunkte oberhalb und unterhalb der Ausgleichsgeraden liegen. Die Berechnung der Differenzen

$$y_i - (mx_i + b)$$

liefert positive und negative Werte, die sich zum Teil auch aufheben können. Daher betrachtet man als Ausgangsgröße die Summe der quadrierten Differenzen zwi-schen den beobachteten Messwerten y_i und den geschätzten Ergebnissen $(mx_i + b)$.

$$SS = \sum_{i=1}^{N} (y_i - (mx_i + b))^2$$

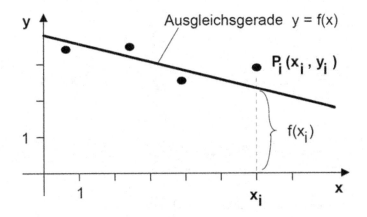

Abbildung 5.4: Datenpunkte (x_i, y_i) mit Ausgleichs- oder Regressionsgerade

In der Summe steht somit für den i-ten Messpunkt der Abstand zwischen dem Messpunkt $P_i(x_i, y_i)$ und der Regressionsgeraden. Die Parameter m und b werden nun nach der *Gaußschen Methode der kleinsten Quadrate* („Gaußsches Minimalprinzip") so bestimmt, dass diese Summe der quadrierten Abweichungen zwischen den Schätzwerten und den Messwerten über alle N Messwerte so klein wie möglich ist [Pap08]. Anders ausgedrückt soll die Summe der Quadrate der Abstände der Messpunkte zur Gerade möglichst klein werden.

Mathematisch geschrieben bedeutet dies, dass wir ein *Minimum* suchen:

$$\sum_{i=1}^{N} (y_i - (mx_i + b))^2 \longrightarrow \text{Minimum}$$

oder

$$SS = \sum_{i=1}^{N} (y_i - mx_i - b)^2 = S(m, b)$$

soll den kleinsten möglichen Wert annehmen. Dies ist der Fall, wenn die partielle Ableitung 1. Ordnung Null und die partielle Ableitung 2. Ordnung positiv ist.

Die Parameter m und b fassen wir als Variable auf und bestimmen das Minimum der Funktion $S = S(m, b)$:

$$\frac{\partial S}{\partial m} = \sum_{i=1}^{N} 2(y_i - mx_i - b)(-x_i) = 2\sum_{i=1}^{N}(-x_i y_i + mx_i^2 + bx_i) = 0$$

$$\frac{\partial S}{\partial b} = \sum_{i=1}^{N} 2(y_i - mx_i - b)(-1) = 2\sum_{i=1}^{N}(-y_i + mx_i + b) = 0$$

Vereinfacht:

$$\sum x_i y_i - m \sum x_i^2 - b \sum x_i = 0$$

$$\sum y_i - m \sum x_i - bN = 0$$

Mit der Definition der arithmetischen Mittelwerte $\bar{x}$ und $\bar{y}$ gilt :

$$\sum x_i = N\bar{x} \qquad \text{und} \qquad \sum y_i = N\bar{y}$$

Somit folgt:

$$\sum x_i y_i - m \sum x_i^2 - bN\bar{x} = 0 \qquad\qquad (5.1)$$

$$N\bar{y} - mN\bar{x} - bN = 0 \qquad\qquad (5.2)$$

Aus Gleichung (5.2) folgt direkt:

$$b = \bar{y} - m\bar{x} \qquad\qquad \textbf{Achsenabschnitt}$$

Einsetzen in (5.1) ergibt:

$$\sum x_i y_i - m \sum x_i^2 = N\bar{x}\bar{y} - mN\bar{x}^2$$

oder

$$m = \frac{\sum x_i y_i - N\bar{x}\bar{y}}{\sum x_i^2 - N\bar{x}^2} \qquad\qquad \textbf{Steigung der Regressionsgerade}$$

Damit sind die Koeffizienten m und b der Regressionsgerade bestimmt. Mittels dieser Regressionsgerade lassen sich nun Schätzwerte für y oder x berechnen, die innerhalb des betrachteten Funktions- bzw. Wertebereiches liegen. Eine Extrapolation auf Werte außerhalb dieses Bereiches ist nur richtig, wenn der funktionale Zusammenhang bekannt ist. Dazu später mehr.

Dass es sich tatsächlich um ein Minimum handelt, zeigt sich nach Berechnung der zweiten Ableitungen:

$$\frac{\partial^2 S}{\partial m^2} \;=\; +2 \sum_{i=1}^{N} x_i^2 > 0$$

$$\frac{\partial^2 S}{\partial b^2} \;=\; +2 \sum_{i=1}^{N} 1 > 0$$

Beide partielle Ableitungen sind positiv, also liegt ein Minimum vor. Heutige wissenschaftliche Taschenrechner für einen Preis unter 20 € haben die Berechnungsformeln für die Steigung m und den Achsenabschnitt b bereits integriert. Nach Eingabe der Datenpunkte können die Werte direkt berechnet werden.

Beispiel 5.1
Von sechs Studierenden sind Körpergröße K und Masse m gemessen worden. Die Tabelle 5.2 und die Abbildung 5.5 zeigen die Messergebnisse. Bestimmen Sie die Regressionsgerade und ermitteln Sie die wahrscheinliche Masse für einen Studierenden mit einer Körpergröße von 180 cm.

Tabelle 5.2: Masse als Funktion der Körpergröße

Körpergröße K/cm	Masse G/kg
175	71
178	73
183	78
189	85
186	82
165	65

Die Berechnung der Regressionskoeffizenten ergibt:

$$m = 0{,}842 \, \frac{\text{kg}}{\text{cm}} \qquad \text{und} \qquad b = -75{,}309 \, \text{kg}$$

Somit lautet die Geradengleichung:

$$G = 0{,}842 \, \frac{\text{kg}}{\text{cm}} \cdot K - 75{,}309 \, \text{kg}$$

Für eine Körpergröße von 180 cm errechnet sich hiermit eine Masse von

$$G = 0{,}842 \, \frac{\text{kg}}{\text{cm}} \cdot 180 \, \text{cm} - 75{,}309 \, \text{kg} = 76{,}2 \, \text{kg}$$

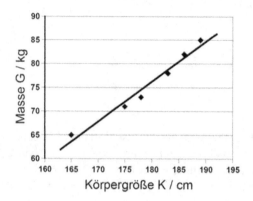

Abbildung 5.5: Masse als Funktion der Körpergröße

Noch eine kleine Betrachtung zum Gültigkeitsbereich dieser Gleichung. Genau genommen kann sie nur angewandt werden auf Personen mit Körpergrößen im Bereich von 165 cm bis 189 cm, da in diesem Bereich die Messpunkte für die Regressionsberechnung liegen. Die Erfahrung zeigt, dass sicherlich eine Extrapolation für etwas größere und kleinere Personen möglich ist. Je weiter man sich bei der Extrapolation von dem Messbereich entfernt, desto unsicherer werden die Ergebnisse. Dieses zeigt deutlich die Abb. 5.6.

Der Schnittpunkt der Geraden mit der x-Achse liegt bei ca. 90 cm, unter dieser Körpergröße wäre die Masse Null oder negativ. Dieses entspricht sicherlich nicht den tatsächlichen Verhältnissen.

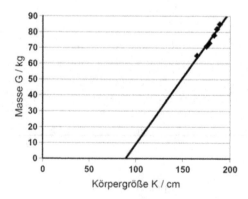

Abbildung 5.6: Extrapolation der Regressionsgeraden bis zu einer Masse $G = 0\,\text{kg}$. Die Gerade schneidet die Größenachse bei $K \approx 90\,\text{cm}$.

Beispiel 5.2

Für einen Silizium Temperatursensor KTY81-2 wurden folgende Widerstandswerte als Funktion der Temperatur gemessen. Die Messergebnisse zeigt die Tabelle 5.3 und die Abbildung 5.7. Bestimmen Sie den Temperaturkoeffizienten unter der Annahme, dass der Widerstand linear von der Temperatur abhängt, also $R(\vartheta) = m \cdot \vartheta + b$ ist.

Tabelle 5.3: Widerstand eines Sensors KTY81-2 in Abhängigkeit von der Temperatur

Temperatur $\vartheta / {}^\circ C$	Widerstand R / Ω
-40	1135
-20	1367
0	1630
20	1922
40	2245
60	2597
80	2980
100	3392
120	3817

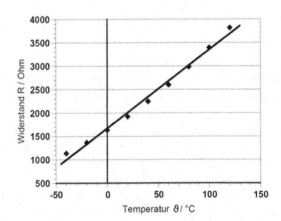

Abbildung 5.7: Widerstand des Temperatursensors KTY 81-2 als Funktion der Temperatur

Die Berechnung der Regressionskoeffizenten ergibt:

$$m = 16{,}82 \, \frac{\Omega}{^\circ C} \quad \text{und} \quad b = 1\,670{,}18 \, \Omega$$

Somit lautet die Geradengleichung:

$$R(\vartheta) = 16{,}82 \, \frac{\Omega}{^\circ C} \cdot \vartheta + 1\,670{,}18 \, \Omega$$

Die Steigung der Regressionsgeraden gibt also die Änderung des Widerstandes pro Grad Celsius an. In diesem Beispiel hat eine Temperaturänderung um $1\,^\circ C$ eine Widerstandsänderung von $16{,}82 \, \Omega$ zur Folge.

5.3 Korrelationsanalyse

Liegen die Wertepaare für die Messwertanalyse auf der Regressionsgerade, so ist der Zusammenhang linear bzw. es ist eine Proportionalität zwischen den Werten y_i und x_i vorhanden. Sind die Werte y_i und x_i dagegen von einander unabhängig, so streuen die Punkte in der $y_i(x_i)$-Darstellung regellos, so dass sich ein „Sternenhimmel" ergibt. Ein Maß für die Wahrscheinlichkeit, ob ein linearer Zusammenhang zwischen y_i und x_i besteht, ist der *Korrelationskoeffizient r*. Der Wert von r wird als Indikator dafür benutzt, wie gut das Regressionsmodell zu den Daten passt [Ros06, Pap08, Bro05]. Er ist definiert als (vgl. [Pap01a]):

$$r = \frac{\sum\limits_{i=1}^{N} (x_i - \bar{x})(y_i - \bar{y})}{\sqrt{\sum\limits_{i=1}^{N} (x_i - \bar{x})^2 \sum\limits_{i=1}^{N} (x_i - \bar{x})^2}}$$

In der Literatur werden in diesem Zusammenhang auch die Begriffe *empirischer Korrelationskoeffizient* und *Stichprobenkorrelationskoeffizient* benutzt. Taschenrechner und Tabellenkalkulationsprogramme berechnen häufig das *Bestimmtheitsmaß* $R = r^2$.

Ist der Betrag des Korrelationskoeffizienten $|r| \approx 1$, dann besteht mit großer Wahrscheinlichkeit eine lineare Beziehung zwischen den Messwerten y_i und x_i. Ein Zusammenhang zwischen den Messwerten ist unwahrscheinlich, wenn der Korrelationskoeffizient im Bereich $0 \leq |r| < 0{,}5$ liegt.

Ein Wert von $r \approx 1$ bedeutet, dass große Werte von x stets mit großen Werten von y und kleine Werte von x stets mit kleinen Werten von y einher gehen. Man spricht dann von starker positiver Korrelation. Die Regressionsgerade hat eine positive Steigung.

Liegt hingegen ein Wert von $r \approx -1$ vor, so spricht man von starker negativer Korrelation. Hohe Werte von x gehen nun stets mit niedrigen Werten von y und niedrige Werte von x stets mit hohen Werten von y einher. Die Regressionsgerade hat eine negative Steigung (vgl. Abb. 5.8).

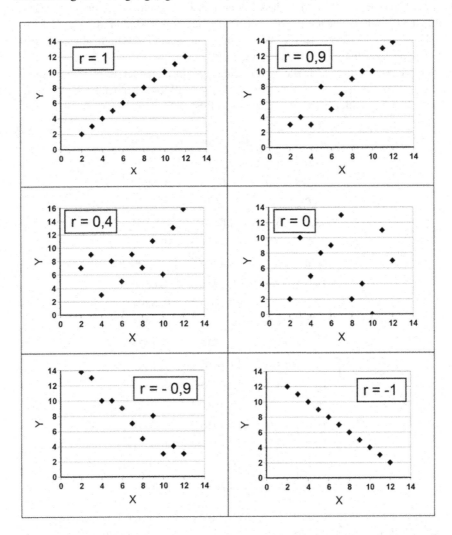

Abbildung 5.8: Unterschiedliche Korrelationen zwischen physikalischen Größen

5.4 Restfehler – Residuen

Im vorherigen Kapitel wurde gezeigt, wie eine Regressionsgerade bestimmt werden kann, die die beste Annäherung an die aufgetragenen Messpunkte (x_i, y_i) darstellt. Dabei hat sich gezeigt, dass in den meisten Fällen die Datenpunkte nicht direkt auf der berechneten Regressionsgerade liegen. Als Maß für die Wahrscheinlichkeit, dass zwischen den Größen x und y ein linearer Zusammenhang besteht wurde der Korrelationskoeffizient eingeführt.

Eine weitere Methode für die Beurteilung, ob ein einfaches Regressionsmodell angemessen für die Anpassung an die vorliegenden Messdaten ist, ist die Untersuchung der Restfehler oder der so genannten Residuen.

U/V	I/A	$I_{\text{Gerade}}/\text{A}$	Residuum
1,0	2,0	0,7836	1,2164
3,0	2,0	2,6976	-0,6976
4,0	3,0	3,6546	-0,6546
5,0	5,5	4,6116	0,8884
8,0	7,0	7,4826	-0,4826
9,0	8,0	8,4396	-04396
10,0	8,5	9,3966	-0,8966
12,0	12	11,3106	0, 6894
12,5	11,0	11,7891	-0,7891
13,0	13,5	12,2676	1,2324
15,0	14,0	14,1816	-0,1816
16,0	14,5	15,1386	-0,6386
16,5	15,0	15,6171	-0,6171
17,0	17,0	16,0956	0,9044
18,5	17,5	17,5311	-0,0311
19,0	18,0	18,0096	-0,0096
19,5	19,0	18,4881	0,5119

Tabelle 5.4: Messdaten: Strom durch einen elektrischen Widerstand als Funktion der Spannung (Spalten 1 und 2), mittels der Geradengleichung berechneter Strom (Spalte 3) und Differenz zwischen gemessenem und berechnetem Strom (Spalte 4)

Für die Berechnung der Residuen wird für einen Datenpunkt $P_i(x_i, y_i)$ der x-Wert in die zuvor bestimmte Geradengleichung eingesetzt und der sich hieraus ergebende $f(x)$-Wert vom tatsächlichen y-Wert (y_i) abgezogen (siehe Abb. 5.4). Die Abweichungen der y-Werte von der berechneten Regressionsgerade werden *Residuen* genannt.

Als Beispiel enthält die Tabelle 5.4 die Messdaten für den Strom I durch einen elektrischen Widerstand als Funktion der anliegenden Spannung U. Sie sind in dem Diagramm Abb. 5.9 aufgetragen. Die lineare Regressionsgerade durch die Datenpunkte $P_i(U_i, I_i)$ berechnet sich zu $I = 0{,}957U - 0{,}1734$. Mittels dieser Geradengleichung wird nun für jeden Punkt x_i der y-Wert $f(x)$ berechnet (Spalte 3 in Tab. 5.4). Diese Werte werden vom den tatsächlichen Messwerten I_i abgezogen (Spalte 4 in Tab 5.4) und es ergeben die Restfehler oder Residuen.

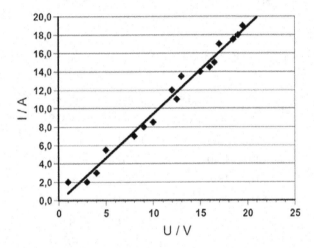

Abbildung 5.9: Strom durch einen elektrischen Widerstand als Funktion der Spannung U. Regressionsgerade: $I = 0{,}957U - 0{,}1734$; $R = r^2 = 0{,}9829$

Die Residuen sind in der Abb. 5.10 aufgetragen und sollten zufällig um den Wert Null verteilt sein - wie es hier der Fall ist. Weiterhin sollten die Darstellungen der Restfehler kein bestimmtes Muster zeigen - hierauf wird später noch eingegangen.

Als nächstes Beispiel werden die Messdaten der Tabelle 5.5 analysiert. Hierbei handelt es sich um Daten, für die eine Abhängigkeit der Form $y = ax^b$, also eine potentielle Abhängigkeit, gilt.

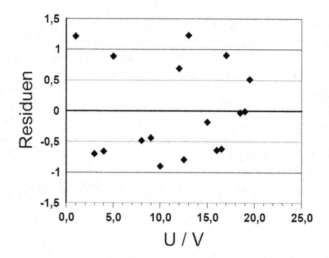

Abbildung 5.10: Restfehler für die Messdaten der Tab. 5.4/Abb. 5.9

x	y	Geradenpunkt	Residuum
0,5	0,2	-47,65	47,838
1,0	0,8	-39,60	40,350
4,0	12,0	8,70	3,300
5,0	18,8	24,80	-6,050
8,0	48,0	73,10	-25,100
9,0	60,8	89,20	-28,450
10,0	75,0	105,30	-30,300
12,0	108,0	137,50	-29,500
12,5	117,2	145,55	-28,363
13,0	126,8	153,60	-26,850
15,0	168,8	185,80	-17,050
16,0	192,0	201,90	-9,900
16,5	204,2	209,95	-5,763
17,0	216,8	218,00	-1,250
18,5	256,7	242,15	14,537
19,0	270,8	250,20	20,550
19,5	285,2	258,25	26,937
21,0	330,8	282,40	48,350

Tabelle 5.5: Messdaten, die der Potenzfunktion $y = a\,x^b$ folgen

Die Daten sind in der Abb. 5.11 aufgetragen und es wurde die lineare Regressionsgerade $y = 16,1\,x - 55,7$ berechnet. Nach den Aussagen des Kapitels 5.3 deutet der berechnete Korrelationskoeffizient von $r^2 = 0,933$ auf eine angemessene Anpassung hin. Rein optisch hinterlässt das Diagramm jedoch den Eindruck, dass ein gewisses Misstrauen angebracht ist. Daher sind in der Abb. 5.12 wie im vorhergehenden Beispiel die Restfehler aufgetragen. Die Restfehler zeigen ein deutliches Muster. Mit zunehmenden x-Werten nehmen die Restfehler zunächst ab und dann wieder zu. Dieses deutet darauf hin, dass für eine Beschreibung des funktionalen Zusammenhanges zwischen den Einflußgrößen (x-Werte) und den Zielwerten (y-Werte) eine lineare Anpassung nicht ausreicht, und dass höhere Terme benötigt werden.

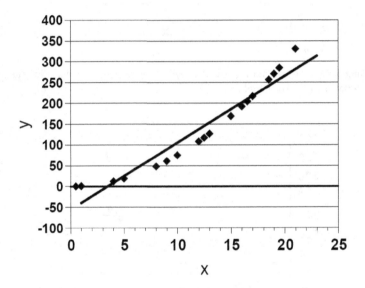

Abbildung 5.11: Lineare Regressionsgerade für Daten mit einer potentiellen Abhängigkeit

Wird die Regressionsanalyse mit einer potentiellen Anpassung durchgeführt, so ergibt sich der in Abb. 5.13 dargestellte Kurvenverlauf mit den Parametern $y = 075\,x^2$. Der Restfehler ist nun gleich Null.

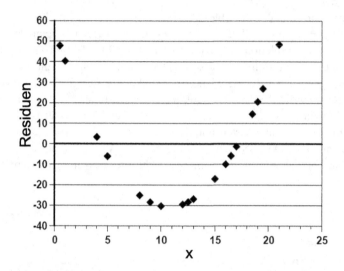

Abbildung 5.12: Restfehler für die Anpassung einer Geradengleichung an die Datenpunkte mit einer potentiellen Abhängigkeit

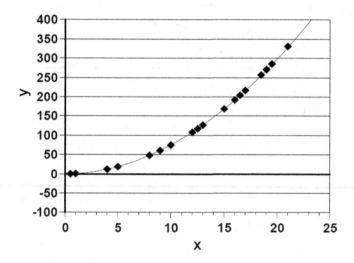

Abbildung 5.13: Richtige Anpassung mit $y = a x^b$ ergibt $y = 0,75 x^2$

Als letztes betrachten wir den Fall, dass mit zunehmenden x-Werten die Abweichungen der Datenpunkte $P_i(x_i, y_i)$ von der linearen Regressionsgeraden zunehmen (Abb. 5.14). Die Anpassung der Regressionsgeraden an die Datenpunkte wird also mit zunehmenden x-Werten schlechter, was sich auch im Korrelationskoeffizienten von $R = r^2 = 0{,}8416$ widerspiegelt.

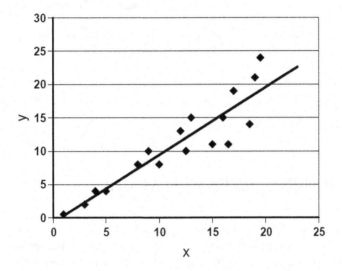

Abbildung 5.14: Datenpunkte und berechnete Geradengleichung $y = 1{,}0146x - 0{,}7299$

Wird, wie in den Beispielen zuvor, der Restfehler aufgetragen, so zeigt sich wieder ein Muster. Mit zunehmenden x-Werten (Einflusswerten) steigen die absoluten Werte der Restfehler. Die Residuen liegen in einem Trichter (vgl. Abb 5.15), was darauf hindeutet, dass die Varianz der Ergebniswerte (y-Werte) mit den x-Werten steigt. Hier ist zu prüfen, ob z.B. bei der Messdatenerfassung Ungenauigkeiten oder Messfehler vorliegen.

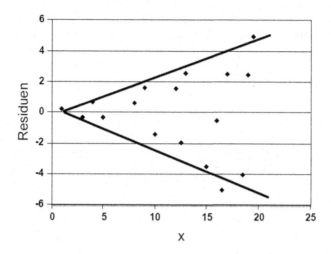

Abbildung 5.15: Die Restfehler für obige Regression liegen in einem Trichter

5.5 Fehlschlüsse im linearen Modell

Wir haben gesehen, dass mittels der Regressionsanalyse die Parameter für eine lineare Ausgleichsgerade berechnet werden können. Diese Regressionsgerade stellt im Rahmen der Modellbeschreibung eine möglichst gute Annäherung an die Datenpunkte dar. Die Berechnung der Restfehler hat gezeigt, dass eine genauere Betrachtung der Zusammenhänge angebracht ist, um Abweichungen vom linearen Modell zu erkennen. Werden die Messdaten und die Restfehler grafisch dargestellt, so genügt oft ein einziger Blick, um die Abweichungen vom linearen Modell zu sehen.

Wo Fehlschlüsse auftreten können, zeigen wir an dem Beispiel von Anscombe (1973) [Are08]. Es werden an die vier Datensätze A, B, C und D mit jeweils 11 Punktepaaren eine lineare Regressionsgerade angepasst (vgl. Tabelle 5.6).

Die Diagramme in der Abb. 5.16 zeigen, dass die Datenpunkte deutlich von den Regressionsgeraden abweichen. Für den Datensatz A ist das lineare Regressionsmodell noch passend. Der Verlauf der Datenpunkte für den Fall B deutet eher darauf hin, dass eine quadratische Anpassung angemessen ist.

A		B		C		D	
x	y	x	y	x	y	x	y
4	4,26	4	3,1	4	5,39	8	7,04
5	5,68	5	4,74	5	5,73	8	6,89
6	7,24	6	6,13	6	6,08	8	5,25
7	4,82	7	7,26	7	6,42	8	7,91
8	6,95	8	8,14	8	6,77	8	5,76
9	8,81	9	8,77	9	7,11	8	8,84
10	8,04	10	9,14	10	7,46	8	6,58
11	8,33	11	9,26	11	7,81	8	8,47
12	10,84	12	9,13	12	8,15	8	5,56
13	7,58	13	8,74	13	12,74	8	7,71
14	9,96	14	8,1	14	8,84	19	12,5

Tabelle 5.6: Datensätze, die in allen vier Fällen die Regressionsgleichung $y = 0,5x + 3$ und den Korrelationskoeffizienten $r = 0,817$ (Bestimmtheitsmaß $R = 0,667$) ergeben

Im Datensatz C hat der Datenpunkt $(x_{10}; y_{10}) = (13,0; 12,74)$ einen dominierenden Einfluss auf den Verlauf der Regressionsgeraden. Würde man diesen Datenpunkt bei der Berechnung weglassen, so ergäben die verbleibenden Werte die Regressionsgerade $y = 0,346x + 4$, die exakt durch die verbleibenden Datenpunkte liefe. Der Datenpunkt $(x_{10}; y_{10})$ stellt einen Sonderfall dar. In der Praxis wäre hier z.B. zu prüfen, ob ein Messfehler vorliegt oder ein zulässiger Funktionsbereich überschritten wurde.

Eine lineare Anpassung für den Datensatz D scheint vollständig unangemessen. Es liegen nur zwei Beobachtungspunkte von, nämlich $x = 8$ und $x = 19$. Hier kann nicht sicher gesagt werden, ob ein lineares Modell angemessen ist oder nicht.

Was zeigt uns dieses Beispiel? Man sollte stets die Datenpunkte zusammen mit der berechneten Regressionsgerade in ein Diagramm zeichnen und nicht nur das Ergebnis der bloßen Berechnung betrachten. Ein Blick auf die Punktewolke genügt, um die Unangemessenheit des gewählten Modells zu erkennen.

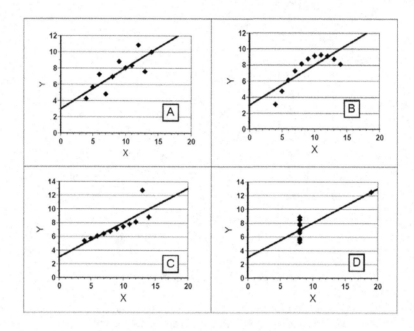

Abbildung 5.16: Identische Regressionsgeraden für unterschiedliche Datensätze

5.6 Aufgaben

A 5.1 (Motorleistung und Drehzahl)

Bei einem 1,8 l-TFSI-Motor mit einer Leistung von $P = 125\,\mathrm{kW}$ wurde folgende Abhängigkeit zwischen der Motordrehzahl n und der Motorleistung P gemessen:

$n/(1/\mathrm{min})$	1000	2000	2500	3000	3500	4000
P/kW	20	50	60	78	90	105

a) Tragen Sie die Messdaten in einem Diagramm auf und bestimmen Sie die Ausgleichsgerade.

b) Bei welcher Drehzahl erwarten Sie die maximale Motorleistung von 125 kW?

A 5.2 (Fahreigenschaften)

Eine Kenngröße zur Bewertung der Fahreigenschaften eines Fahrwerks ist die Phasenverzugsfrequenz. Für ein neu entwickeltes Fahrzeug wurden in Abhängigkeit von der Frequenz f folgende Phasenverzugswinkel Φ gemessen:

$f\,/\,\mathrm{Hz}$	0,6	0,8	1	1,4	1,6	2
$\Phi\,/\,°$	-12	-20	-25	-45	-53	-68

Tragen Sie die Messdaten in einem Diagramm auf und bestimmen Sie die Ausgleichsgerade.

A 5.3 (Gasdruck)

Eine verschlossene, leere PET-Flasche mit einem Volumen von $1\,\ell$ wird aus dem Kühlschrank geholt und in die Sonne gestellt. Dadurch erhöht sich die Temperatur von $T_K = 8\,°\mathrm{C}$ auf $T_S = 50\,°\mathrm{C}$. Im Deckel wurde ein Druckmessgerät eingebaut, das folgende Werte anzeigte:

$T\,/\,°\mathrm{C}$	$T\,/\,\mathrm{K}$	$p\,/\,\mathrm{Pa}$
8,0	281,15	104.296
15,0	288,15	106.750
20,0	293,15	108.850
30,0	303,15	112.300
40,0	313,15	116.500
50,0	323,15	119.876

a) Tragen Sie die Messdaten in einem Diagramm auf und bestimmen Sie die Ausgleichsgerade.

b) Für die Abhängigkeit des Druckes von der Temperatur gilt der Zusammenhang (ideales Gas):

$$p(T) = \frac{m_L \cdot R_i}{V} \cdot T$$

Berechnen Sie mittels der Steigung der Regressionsgeraden die Masse m_L der Luft in der Flasche. ($R_i = 286{,}9\,\frac{\mathrm{J}}{\mathrm{kg\,K}}$)

c) Berechnen Sie mit Hilfe der Gleichung $\rho_L = \frac{m_L}{V}$ die Dichte der Luft.

A 5.4 (Löslichkeit von Kochsalz)

Die Untersuchung der Löslichkeit L von Kochsalz (NaCl) in Wasser als Funktion der Temperatur T ergab die folgenden Messwerte:

$T/\,^{\circ}\mathrm{C}$	$L/\frac{\mathrm{g}}{100\,\mathrm{g}\,\mathrm{H_2O}}$
0	26
20	34
40	48
60	54
80	64

Tragen Sie die Messdaten in einem Diagramm auf und bestimmen Sie die Ausgleichsgerade. Berechnen Sie über diese Ausgleichsgerade die Löslichkeit von Kochsalz in Wasser für eine Tempratur von $T_0 = 20\,^{\circ}\mathrm{C}$.

A 5.5 (Elektrischer Widerstand)
Der unbekannte elektrische Widerstand eines Netzwerks aus Reihen- und Parallelschaltung von Widerständen soll bestimmt werden. Dazu wurde die Stromstärke I als Funktion der Spannung U gemessen. Es gilt das Ohmsche Gesetz $U = R \cdot I$.

U/V	I/mA
1,0	0,65
1,5	0,85
2,0	1,25
2,5	1,45
3,0	1,70
3,5	2,10

a) Tragen Sie die Messdaten in einem Diagramm auf und bestimmen Sie die Regressionsgerade.

b) Welchen elektrischen Widerstand R besitzt das Netzwerk?

A 5.6 (Magnetfeldsensor)
In einem Elektromagneten wurde ein Magnetfeldsensor (Hallsensor) mit der Hallkonstanten $R_H = 0,008\,\frac{\mathrm{m^3}}{\mathrm{As}}$ vermessen. Die gemessenen Hallspannungen U_H als Funktion der magnetischen Induktion B sind in der Tabelle aufgetragen. Für die Hallspannung gilt:

$$U_H(I) = R_H\,\frac{I \cdot B}{d} = \frac{R_H \cdot I}{d} \cdot B$$

wobei die Breite des Hallsensors $d = 2\,\mathrm{mm}$ beträgt.

B/mT	U_H/mV
20,0	0,70
30,0	1,20
40,0	1,50
50,0	1,80
60,0	2,40

a) Tragen Sie die Messdaten in einem Diagramm $U_H(B)$ auf und bestimmen Sie die Regressionsgerade.

b) Bestimmen Sie aus der Steigung der Geraden den Strom I, der durch den Hallsensor fließt.

5.7 Lösungen

Lösung zu A 5.1 (Motorleistung und Drehzahl)

a) Diagramm: Motorleistung als Funktion der Drehzahl

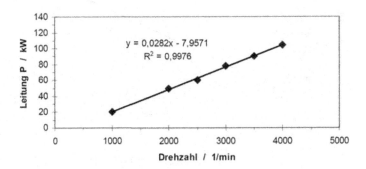

b) Mit der Regressionsgeraden

$$P = 0{,}0282\,(\mathrm{kWmin})\cdot n - 7{,}9571\,\mathrm{kW}$$

folgt für die Drehzahl bei einer Leistung von 125 kW:

$$n(P) = \frac{P/\mathrm{kW} + 7{,}9571}{0{,}0282}\,\frac{1}{\mathrm{min}} = \frac{125 + 7{,}9571}{0{,}0282}\,\frac{1}{\mathrm{min}} \approx 4715\,\frac{1}{\mathrm{min}}$$

Lösung zu A 5.2 (Fahreigenschaften)

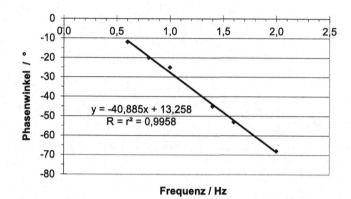

Lösung zu A 5.3 (Gasdruck)

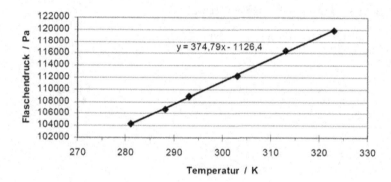

$$p(T) = 374{,}79 \frac{\text{Pa}}{\text{K}} \cdot T - 1126{,}4\,\text{Pa}$$

Nach der Ausgangsformel für das ideale Gas sollte der Achsenabschnitt Null sein. Dies ist hier nicht der Fall, da aufgrund der Abweichungen der Datenpunkte die Lage der Regressionsgeraden verschoben ist. Erzwingt man für die Regressionsgleichung den Schnittpunkt mit dem Nullpunkt des Koordinatensystems, lautet das Ergebnis der Regression:

$$p(T) = 371{,}05 \frac{\text{Pa}}{\text{K}} \cdot T$$

Für die gesuchte Dichte der Luft folgt mit der Definition der Dichte $\rho_L = \dfrac{m_L}{V}$ aus der

Regressionsgleichung:

$$\rho_L \cdot R_i = 371{,}05\,\frac{\text{Pa}}{\text{K}}$$

$$\Longleftrightarrow \qquad \rho_L = \frac{371{,}05\,\frac{\text{Pa}}{\text{K}}}{286{,}9\,\frac{\text{J}}{\text{kg\,K}}} = 1{,}293\,\frac{\text{kg}}{\text{m}^3}$$

Dies ist genau der Literaturwert für die Dichte von Luft!

Lösung zu A 5.4 (Löslichkeit von Kochsalz)

Löslichkeit von Kochsalz (NaCl) in Wasser als Funktion der Temperatur:

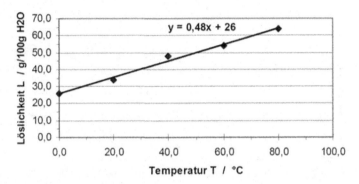

Mittels der Regressionsgeraden berechnet sich die Löslichkeit bei einer Temperatur von $T_0 = 20\,^\circ\text{C}$ zu $L = 35{,}6\,\frac{\text{g}}{100\,\text{g}\,\text{H}_2\text{O}}$.

Lösung zu A 5.5 (Elektrischer Widerstand)

a) Stromstärke I als Funktion der Spannung U:

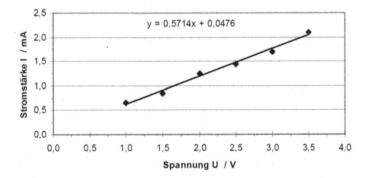

Die Gleichung der Ausgleichsgeraden lautet:

$$I = 0{,}5714 \, \frac{\text{mA}}{\text{V}} \cdot U + 0{,}0476 \, \text{mA}$$

Mit dem Ohmschen Gesetz $I = \frac{1}{R} \cdot U$ folgt

$$\frac{1}{R} = 0{,}5714 \, \frac{\text{mA}}{\text{V}} = 0{,}5714 \cdot 10^{-3} \, \frac{\text{A}}{\text{V}} \quad \Rightarrow \quad R = 1\,750\,\Omega$$

Lösung zu A 5.6 (Magnetfeldsensor)

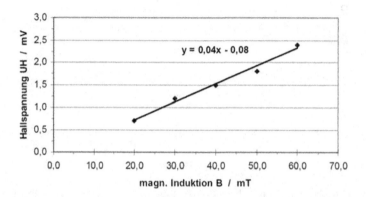

Gemäß der Regressionsgleichung beträgt die Steigung $m = 0{,}04 \, \frac{\text{mV}}{\text{mT}}$. Somit folgt:

$$m = \frac{R_H \cdot I}{d} \quad \Rightarrow \quad I = \frac{d}{R_H} \, m = \frac{2\,\text{mm}}{0{,}008 \, \frac{\text{m}^3}{\text{A}\,\text{s}}} \cdot 0{,}04 \, \frac{\text{mV}}{\text{mT}} = 10\,\text{mA}$$

6 Nichtlineare Ausgleichsrechnung

Wie in Kap. 5 gezeigt wurde, lassen sich *lineare* physikalische und technische Zusammenhänge relativ leicht auswerten, zumal die notwendigen mathematischen Operationen heute bereits in recht einfachen und preiswerten Taschenrechnern implementiert sind. Es gibt jedoch viele *nichtlineare* Lösungsansätze für Ausgleichskurven, die einen höheren rechnerischen Aufwand zur Auswertung erfordern. Lassen sich diese Lösungen *linearisieren* oder mathematisch ausgedrückt durch eine einfache *Transformation* auf einen linearen Ansatz zurückführen, so reduziert sich der rechnerische Aufwand erheblich. Diese nichtlinearen Ausgleichsprobleme, die auf eine lineare Regression zurückführbar sind, wollen wir uns im folgenden anschauen. Wir beginnen mit der Exponential- und der Potenzfunktion, die sich im halblogarithmischen bzw. doppellogarithmischen Funktionspapier durch Geraden, d.h. durch lineare Funktionen, darstellen lassen.

6.1 Linearisierung / Transformation

6.1.1 Exponentialfunktion / Halblogarithmische Regression

Exponentielle Kurvenverläufe treten in vielen technischen und naturwissenschaftlichen Bereichen z. B. Wachstumsvorgänge, Kondensatorentladung, Radioaktiver Zerfall, Änderung des Luftdrucks mit der Höhe (Barometrische Höhenformel) auf. Allgemein hat die Funktion die Form

$$y = A \cdot e^{B \cdot x} \qquad (6.1)$$

wobei die Parameter 'A' und 'B' konstante Faktoren sind.

Beispiel 6.1 (Änderung des Luftdrucks mit zunehmender Höhe)

$$p(h) = p_0 \cdot e^{-\frac{\rho_0 g}{p_0} \cdot h} \qquad \text{wobei} \qquad p_0 \quad \text{entspricht} \quad A$$

$$-\frac{\rho_0 g}{p_0} \quad \text{entspricht} \quad B$$

Beispiel 6.2 (Änderung der Spannung bei der Entladung eines Kondensators)

$$U\,(t) = U_0\,e^{-\frac{1}{RC}\cdot t} \qquad \text{wobei} \qquad U_0 \qquad \text{entspricht} \qquad A$$

$$-\frac{1}{RC} \qquad \text{entspricht} \qquad B$$

Wird auf beide Seiten der Gleichung der natürliche Logarithmus angewandt, so ergibt sich:

$$\ln y = \ln\left(A \cdot e^{B \cdot x}\right) = \ln A + \ln e^{B \cdot x}$$

Somit ist

$$\ln y = \ln A + B \cdot x \tag{6.2}$$

Das mathematisch exakte Vorgehen erfordert an dieser Stelle eine Transformation, die diese Gleichung in eine Geradengleichung überführt. Details dazu können z.B. im Buch von Papula [Pap01a] nachgelesen werden.

Hier beschränken wir uns darauf, durch einen Vergleich der Koeffizienten die richtige Form der Koordinatenachsen zu finden. Der Vergleich der durch logarithmieren gefundenen Gleichung mit der allgemeinen Geradengleichung ergibt:

$$y = b \;+\; m \cdot x \tag{6.3}$$
$$\ln y = \ln A + B \cdot x$$

Der Vergleich der Koeffizienten zeigt, dass, wenn auf der y-Achse (vertikale Koordinatenachse) 'ln y' und auf der x-Achse (horizontale Koordinatenachse) 'x' abgetragen werden, die Messpunkte auf einer Geraden liegen. Die vertikale Achse wird also *logarithmisch* geteilt und die horizontale Achse bleibt wie bisher *linear* geteilt. Ein entsprechendes Funktionspapier ist im Handel erhältlich und heißt *halblogarithmisches Koordinatenpapier*. Der genaue Aufbau dieser Funktionspapiere ist im Anhang B beschrieben.

Betrachten wir als Beispiel die Funktion $\quad y = 2 \cdot e^{0{,}25 \cdot x}$

In Abb. 6.1 ist diese Funktion mit linearer Achsenskalierung dargestellt. Auf halblogarithmischem Papier kann eine Exponentialfunktion durch eine Gerade dargestellt werden (Abb. 6.2).

Warum ist dieses für eine Auswertung von Datenreihen von Interesse? In Kapitel 5 wurde gezeigt, dass die Auswertung von Daten und die Bestimmung der Koeffizienten besonders einfach wird, wenn eine Abhängigkeit in Form einer Geradengleichung vorliegt. Genau die dort genutzten Methoden können wir nun auf die nichtlineare Ausgleichsrechnung anwenden.

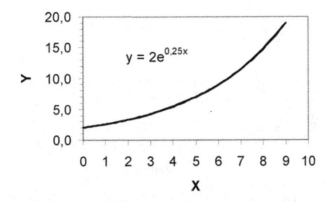

Abbildung 6.1: Exponentialfunktion bei linearer Auftragung

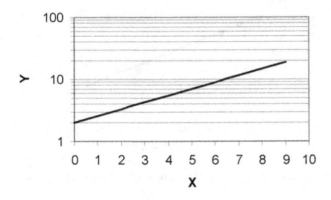

Abbildung 6.2: Exponentialfunktion bei halblogarithmischer Auftragung

Beispiel 6.3

Der zeitliche Verlauf der Spannung $U(t)$ für die Entladung eines Kondensators mit der Kapazität C über einen ohmschen Widerstand $R = 20\,\mathrm{k\Omega}$ gehorcht der Gleichung

$$U(t) = U_0\, e^{-\frac{1}{RC}\cdot t} \qquad \text{mit } U_0 = U(t = 0)$$

In einem Experiment wurden die folgenden Messwerte aufgenommen.

$t\ /\ \mathrm{s}$	0	0,05	0,1	0,15	0,2	0,3	0,4	0,5
$U_c\ /\ \mathrm{V}$	220,0	117,8	63,0	33,7	18,1	5,2	1,5	0,4

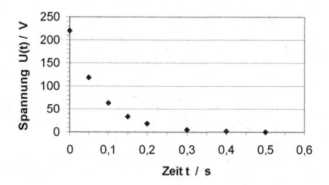

Abbildung 6.3: Kurvenverlauf bei linearer Achsenskalierung

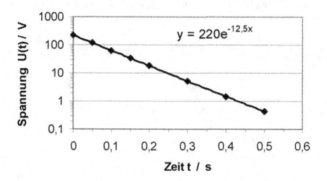

Abbildung 6.4: Kurvenverlauf bei halblogarithmischer Achsenskalierung

In dem Diagramm 6.4 ist das Ergebnis der Regressionsrechnung eingefügt. Für die Parameter 'A' und 'B' folgt:

$A = 220$ hieraus folgt, dass die Anfangsspannung $U_0 = 220\,\mathrm{V}$ betragen hat

$B = -12,5$ hieraus folgt, dass der Parameter $-\frac{1}{RC} = -12,5\,\frac{1}{s}$ ist.

Da der ohmsche Widerstand bekannt ist, kann hieraus die Kapazität des Kondensators ermittelt werden.

$$C = \frac{1}{R \cdot 12{,}5}\,\mathrm{s} = \frac{1}{20\,000 \cdot 12{,}5}\,\frac{\mathrm{s}}{\Omega} = 4 \cdot 10^{-6}\,\mathrm{F} = 4\,\mu\mathrm{F}$$

Dabei gilt für die Einheiten: $\dfrac{\mathrm{s}}{\Omega} = \dfrac{\mathrm{s}}{\mathrm{V/A}} = \dfrac{\mathrm{A\,s}}{\mathrm{V}} = \dfrac{\mathrm{C}}{\mathrm{V}} = \mathrm{F}$

Wie dem Diagramm Abb. 6.2 zu entnehmen ist, erfolgt die Skalierung der y-Achse nicht mit dem natürlichen Logarithmus ln, sondern immer mit dem dekadischen Logarithmus (Zehnerlogarithmus). Auch im Handel erhältliches halblogarithmisches Papier ist immer nach dem Zehnerlogarithmus geteilt. Die notwendige Umrechnung kann im Anhang A nachgelesen werden. An dieser Stelle reicht uns die Anwendung des Ergebnisses.

Die Gleichung

$$U(t) = U_0 \, e^{-\frac{1}{RC} \cdot t}$$

geht durch Logarithmieren mit dem Zehnerlogarithmus über in

$$\lg U(t) = \lg U_0 + \left(-\frac{1}{RC} \lg e \right) \cdot t$$

Der neue Faktor 'lg e' berücksichtigt die Umrechnung des natürlichen Logarithmus 'ln x' in den dekadischen Logarithmus 'lg x'.

Heutige Taschenrechner und Tabellenkalkulationsprogramme berücksichtigen diese Umrechnung bei den internen Berechnungen und geben sowohl bei der grafischen Darstellung, als auch bei der Angabe der Regressionsformel die korrekte Darstellung aus. Werden jedoch Auswertungen auf entsprechenden Funktionspapier per Hand durchgeführt, so ist z.B. bei der Berechnung der Kapazität aus der Steigung der Geraden (Beispiel 6.3) dieser Korrekturfaktor zu beachten.

6.1.2 Potenzfunktionen - Doppellogarithmische Regression

Potenzfunktionen treten z. B. bei adiabatischen und polytropen Zustandsänderungen auf. Wie bei der exponentiellen Regression kann eine numerische Bestimmung der Parameter mittels des natürlichen oder des dekadischen Logarithmus erfolgen. Da die Darstellung der Kurvenverläufe auf technischen Funktionspapieren ausschließlich mit einer Teilung nach dem dekadischen Logarithmus erfolgt, beschränken wir uns im folgenden auf eine Auswertung mit dem dekadischen Logarithmus.

Die allgemeine Darstellung der Potenzfunktion mit den Parametern 'A' und 'B' ist:

$$y = A \cdot x^B \qquad (6.4)$$

Logarithmieren: $\lg y = \lg A + B \lg x$ (6.5)

Geradengleichung $y = b + m \cdot x$

Der Koeffizientenvergleich zeigt, dass die x-Achse und die y-Achse logarithmisch geteilt sein müssen, damit sich eine Gerade ergibt. Das im Handel erhältliche

Funktionspapier heißt *doppellogarithmisches Papier.*

Für die Parameter gilt $\lg A$ entspricht dem Achsenabschnitt b

B entspricht der Steigung der Geraden m

Beispiel 6.4
Für ein Pendel (entspricht für kleine Auslenkungen einem mathematischen Pendel) berechnet sich die Kreisfrequenz ω in Abhängigkeit von der Pendellänge mittels

$$\omega = \sqrt{\frac{g}{l}} = \sqrt{g} \cdot l^{-\frac{1}{2}}.$$

Ein Vergleich mehrerer Pendel ergab folgende Kreisfrequenzen:

l / m	1,2	1,5	2	3	4
ω / (1/s)	2,85	2,6	2,2	1,8	1,6

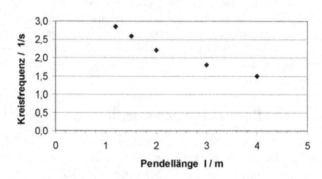

Abbildung 6.5: Kreisfrequenz als Funktion der Pendellänge - lineare Auftragung

Nach der zuvor durchgeführten Analyse ergibt eine doppellogarithmische Auftragung eine Gerade. Die Kennzahlen entsprechen

Achsenabschnitt   b   entspricht $\lg A = \lg \sqrt{g}$

Steigung   m   entspricht   B also $-\dfrac{1}{2}$

Eine Potenzregression ($y = A x^{B}$) ergibt für die Koeffizienten:

$$A = 3{,}126 \quad \text{und} \quad B = -0{,}491$$

Die Gleichung der Trendlinie lautet also:

$$\omega = 3{,}126 \frac{1}{s} \; l^{-0{,}491}$$

Durch einen Koeffizientenvergleich kann die Erdbeschleunigung bestimmt werden:

$$\sqrt{g} = 3{,}126 \frac{\sqrt{m}}{s} \quad \Rightarrow \quad g = 9{,}77 \frac{m}{s^2}$$

Im Diagramm Abb. 6.6 kann $\sqrt{g}$ direkt abgelesen werden.

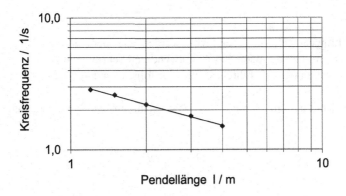

Abbildung 6.6: Kreisfrequenz als Funktion der Pendellänge - doppellogarithmische Auftragung

6.1.3 Gebrochen rationale Regression - Inverse Regressionen

Die in den Kapiteln 6.1.1 und 6.1.2 betrachteten nichtlinearen Ausgleichsprobleme konnten durch geeignete Logarithmierung in ein *lineares Ausgleichsproblem* überführt werden. Es gibt eine weitere Klasse von nichtlinearen Ausgangsgleichungen, die gebrochen rationalen Funktionen, die mit Hilfe geeigneter (nichtlinearer) Transformationen auf ein lineares Regressionsproblem vom Typ $v = cu + d$ zurückgeführt werden können [Pap01a]. Eine Übersicht ist in Tabelle 6.1 gegeben.

Tabelle 6.1: Transformationen (Linearisierungen) für gebrochen rationale Funktionen

Typ	Ansatz	Transformation	
		u	v
1	$y = \frac{A}{B+x}$	x	$\frac{1}{y}$
2	$y = B + \frac{A}{x}$	$\frac{1}{x}$	y
3	$y = \frac{Ax}{B+x}$	$\frac{1}{x}$	$\frac{1}{y}$

Wie nachfolgend genauer gezeigt wird, werden eine oder beide Koordinatenachsen invers skaliert. Die für jeden Ansatz notwendigen Schritte, die zu einer Linearisierung des Kurvenverlaufs führen, werden im folgenden dargestellt.

Der **Typ 1** mit der Gleichung $y = \frac{A}{B+x}$ kann umgeschrieben werden zu

$$\frac{1}{y} = \frac{B+x}{A} = \frac{B}{A} + \frac{1}{A}x$$

$$y = \ldots\ldots\ldots = b + mx$$

Der Vergleich mit der Geradengleichung ergibt, dass die

y-Achse   mit $\frac{1}{y}$ skaliert wird

x-Achse   mit x linear skaliert wird.

Für die Koeffizienten gilt dann   Steigung m entspricht $\frac{1}{A}$

Achsenabschnitt b entspricht $\frac{B}{A}$

Beispiel 6.5

Ein Plattenkondensator mit dem Plattenabstand 'd' ist mit einem Dielektrikum der Dicke 'x' an einer Kondensatorplatte aufgebaut.

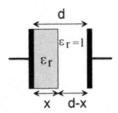

Die Kapazität C berechnet sich nach $\quad C = \left(\dfrac{x}{\varepsilon_0\,\varepsilon_r\,A} + \dfrac{d-x}{\varepsilon_0\,A} \right)^{-1}$

$$\Rightarrow \quad \frac{1}{C} = \left(\frac{1}{\varepsilon_0\,\varepsilon_r\,A} - \frac{1}{\varepsilon_0\,A} \right) \cdot x + \frac{d}{\varepsilon_0\,A} \qquad \varepsilon_0 = 8{,}854 \cdot 10^{-12}\,\frac{A\,s}{V\,m}\,,\ \varepsilon_r \text{ unbekannt}$$

$$y = \qquad\qquad\qquad m \cdot x + b$$

Der Vergleich mit der Geradengleichung liefert:

$$\text{Steigung} \qquad m \quad \Longleftrightarrow \quad \left(\frac{1}{\varepsilon_0\,\varepsilon_r\,A} - \frac{1}{\varepsilon_0\,A} \right) = \frac{1}{\varepsilon_0\,A}\left(\frac{1}{\varepsilon_r} - 1 \right)$$

$$\text{Achsenabschnitt} \quad b \quad \Longleftrightarrow \quad \frac{d}{\varepsilon_0\,A}$$

Wird auf der y-Achse die Größe '$1/C$' und auf der x-Achse die Dicke 'x' der dielektrischen Schicht aufgetragen, so entspricht der Kurvenverlauf einer Geraden.

Hinweis: Bei der Berechnung der Regressionskoeffizienten per Taschenrechner wähle man den Typ „lineare Regression" und gebe die Datenpunkte in der Form $(x; \frac{1}{C})$ ein.

Für einen festen Plattenabstand $d = 1\,\mathrm{mm}$ und eine Kondensatorfläche $A = 0{,}1\,\mathrm{m}^2$ ergaben die Messungen folgende Kapazitätswerte für unterschiedliche Dicken 'x' des Dielektrikums.

x / mm	0,1	0,2	0,3	0,4	0,5	0,6	0,7	0,8
C / nF	0,95	1,03	1,12	1,23	1,36	1,52	1,73	2,0

Die Steigung $\quad m = \dfrac{1}{\varepsilon_0\,A}\left(\dfrac{1}{\varepsilon_r} - 1 \right) = -0{,}7875\,\dfrac{1}{nF\,mm} \qquad = -0{,}7875\,\dfrac{1}{10^{-9}\,F\,10^{-3}\,m}$

$$= -0{,}7875 \cdot 10^{12}\,\frac{1}{F\,m}$$

$$\frac{1}{\varepsilon_r} = m \cdot \varepsilon_0 \cdot A + 1 = 0{,}303$$

folgt für $\qquad \varepsilon_r = 3{,}3$

Nachschlagen ergibt als Material für die dielektrische Schicht Polyester mit $\varepsilon_r = 3{,}3$

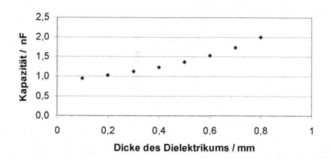

Abbildung 6.7: Verlauf der Kapazität als Funktion der Dicke x der dielektrischen Schicht.

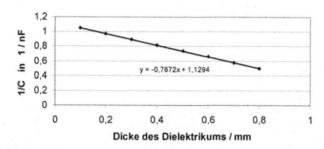

Abbildung 6.8: Linearisierung durch eine Auftragung von $1/C$ gegen die Dicke x des Dielektrikums. Eingefügt ist die Gleichung der Regressionsgeraden.

Der **Typ 2** mit der Gleichung $\quad y = B + \frac{A}{x} \quad$ kann umgeschrieben werden zu

$$y = B + A\frac{1}{x}$$

$$y = b + mx$$

Der Vergleich mit der Geradengleichung ergibt, dass die

$\qquad\qquad\quad$ y-Achse $\quad$ mit $\quad y \quad$ linear skaliert,

und die $\qquad$ x-Achse $\quad$ mit $\quad \frac{1}{x} \quad$ invers skaliert wird.

Für die Koeffizienten gilt dann: Steigung $\qquad m$ entspricht $\quad A$

$\qquad\qquad\qquad\qquad\qquad\qquad$ Achsenabschnitt $\quad b$ entspricht $\quad B$

Beispiel 6.6

In einem Versuch werden die elektrischen Feldstärken E auf der Oberfläche des Innenleiters eines Koaxialkabels der Länge $L = 1\,000\,\text{m}$ bestimmt. An dem Kabel liegt eine Spannung von $U = 380\,\text{V}$. Wie groß ist die Kapazität C des Koaxialkabels?

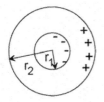

Für einen Zylinderkondensator gilt

$$E = \frac{Q}{2\,\pi\,\varepsilon_0\,L}\,\frac{1}{r} = \frac{C\,U}{2\,\pi\,\varepsilon_0\,L}\,\frac{1}{r}$$

Der Vergleich mit der Geradengleichung ergibt, dass auf der

y-Achse linear E und

auf der x-Achse invers $\frac{1}{r}$ aufgetragen wird.

Für die Koeffizienten gilt dann: Steigung m entspricht $\frac{C\,U}{2\,\pi\,\varepsilon_0\,L}$

 Achsenabschnitt b entspricht 0

Die Messungen ergaben folgende elektrische Feldstärken E als Funktion des Radius r_1 des Innenleiters.

r_1 / mm	1,0	1,5	2,0	2,5	3,0
E / $\frac{V}{m}$	136 614	91 076	68 307	54 645	45 538

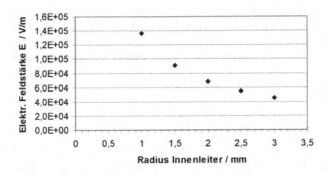

Abbildung 6.9: Elektrische Feldstärke E auf der Oberfläche des Innenleiters für unterschiedliche Radien.

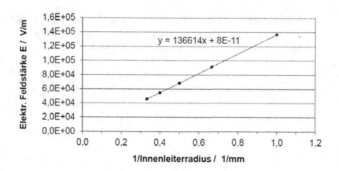

Abbildung 6.10: Elektrische Feldstärke E als Funktion von $1/r$

In Abb. 6.10 ist die Regressionsgleichung eingetragen. Die Steigung hat den Wert

$$m = 136614 \, \frac{\text{V}}{\text{m}} \, \text{mm} = 136614 \cdot 10^{-3} \, \text{V} = 136{,}614 \, \text{V}.$$

Der Achsenabschnitt wird zu $b = -0{,}3409 \, \frac{\text{V}}{\text{m}}$ ausgegeben, was im Rahmen der Auswerte-genauigkeit gegenüber der elektrischen Feldstärke vernachlässigt werden kann.

Eine $\frac{1}{x}$-Regression $\left(y = A + B \, \frac{1}{x} \right)$ mit dem Taschenrechner ergibt für die Koeffizienten:

$$A = -0{,}34091 \, \frac{\text{V}}{\text{m}} \quad \text{und} \quad B = 136{,}614 \, \text{V}$$

Die Abweichungen von den in der Abb. 6.10 angegebenen Größen resultieren aus der endli-chen Rechengenauigkeit. Im folgenden rechnen wir mit den Ergebnissen aus der Abb. 6.10 weiter.

Mittels der Steigung kann nun die Kapazität des Koaxialkabels bestimmt werden:

$$m = 136{,}614 \, \text{V} = \frac{C \, U}{2 \, \pi \, \varepsilon_0 \, L}$$

$$\Rightarrow \qquad 136{,}614 \, \text{V} \cdot 2 \, \pi \, \varepsilon_0 \, L \cdot \frac{1}{U} = C$$

$$\Rightarrow \quad C = 136{,}614 \cdot 2 \, \pi \cdot 8{,}854 \cdot 10^{-12} \cdot 1\,000 \cdot \frac{1}{380} \, \frac{\text{V A s m}}{\text{V m V}}$$

$$\Rightarrow \quad C = 20 \, \text{nF}$$

Die Kapazität des Koaxialkabels beträgt also $20 \, \text{nF}$.

Der **Typ 3** mit der Gleichung $\quad y = \dfrac{A\,x}{B+x}\quad$ kann umgeschrieben werden zu

$$\frac{1}{y} = \frac{B+x}{A\,x} = \frac{B}{A\,x} + \frac{x}{A\,x}$$

$$\frac{1}{y} = \frac{1}{A} + \frac{B}{A}\frac{1}{x}$$

$$y = b + \quad m\,x$$

Der Vergleich mit der Geradengleichung ergibt, dass beide Achsen invers zu skalieren sind, damit sich eine lineare Darstellung ergibt.

$$y\text{-Achse}\quad\text{mit}\quad \frac{1}{y}\quad\text{invers skaliert}$$

$$x\text{-Achse}\quad\text{mit}\quad \frac{1}{x}\quad\text{invers skaliert}$$

Für die Koeffizienten gilt dann: Steigung $\qquad m\quad$ entspricht $\qquad \dfrac{B}{A}$

Achsenabschnitt $\quad b\quad$ entspricht $\qquad \dfrac{1}{A}$

Beispiel 6.7

Für die Abbildung eines Gegenstandes in der Entfernung 'g' von einer dünnen Linse mit der Brennweite 'f' ergibt sich die Bildweite 'b' zu (Abbildungsgleichung):

$$b(g) = \frac{f\,g}{g-f}$$

Diese Gleichung kann umgeschrieben werden in die Form

$$\frac{1}{b} = \frac{1}{f} - \frac{1}{g}$$

$$y = b + m\,x$$

Der Vergleich mit der Geradengleichung ergibt, dass auf der

$$y\text{-Achse}\quad\text{invers}\quad \frac{1}{b}\quad\text{und}$$

auf der $\qquad x\text{-Achse}\quad\text{invers}\quad \dfrac{1}{g}\quad$ aufgetragen wird.

Für die Koeffizienten gilt dann: Steigung m entspricht -1

Achsenabschnitt b entspricht $\dfrac{1}{f}$

Ein Versuch ergab folgende Messergebnisse:

g / mm	600	550	500	450	400	350	300	250	200	150
b / mm	150	153,5	157,9	163,6	171,4	182,6	200,0	230,7	300,0	600,0

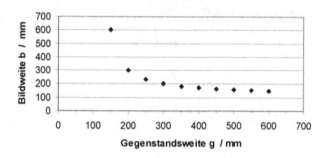

Abbildung 6.11: Bildweite b als Funktion der Gegenstandsweite g bei linearer Auftragung.

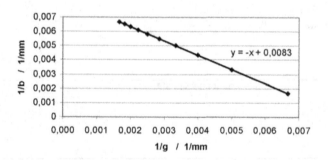

Abbildung 6.12: Auftragung des Kehrwertes der Bildweite ($1/b$) als Funktion des Kehrwertes der Gegenstandsweite ($1/g$).

Mittels des Achsenabschnitts berechnet sich die Brennweite der Linse zu:

$$\frac{1}{f} = 0{,}0083\,\frac{1}{\mathrm{mm}} \quad \Rightarrow \quad f = 120{,}5\,\mathrm{mm}$$

6.1.4 Spezielle Beispiele - Wurzelfunktion, Arrheniusgleichung

In den vorhergehenden Abschnitten wurde gezeigt, dass eine Linearisierung von nichtlinearen Ausgleichsproblemen z.B. durch eine Logarithmierung der Funktion oder durch eine angepasste Wahl der Achsenskalierung erreicht werden kann. Welche Methode die Richtige ist, kann im Vorfeld nicht immer direkt angegeben werden. Hier hilft die Erfahrung in der praktischen Anwendung und das Aufbauen auf bekannten Beispielen. Im folgenden betrachten wir hierzu zwei Beispiele.

Mathematisches Pendel

Ein mathematisches Pendel liegt vor, wenn z.B. eine Masse 'm' an einem dünnen Faden hängt und mit der Schwingungsdauer 'T' schwingt (Pendeluhr). Für unterschiedliche Fadenlängen ergaben sich in einem Experiment die folgenden Schwingungsdauern 'T'.

L / m	0,5	1,0	2,0	4,0	6,0	8,0	10,0	12,0	14,0	16,0
T / s	1,4	2,0	2,8	4,0	4,9	5,7	6,3	6,9	7,5	8,0

Es gilt
$$T = 2\pi \sqrt{\frac{L}{g}} = \frac{2\pi}{\sqrt{g}} \sqrt{L}$$

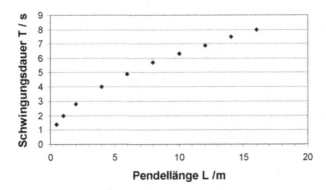

Abbildung 6.13: Die lineare Auftragung der Schwingungsdauer T gegen die Pendellänge L lässt den wurzelförmigen Kurvenverlauf erkennen.

Bei einer linearen Auftragung der Daten lässt sich gut der wurzelförmige Verlauf der Kurve erkennen (Abb. 6.13).

Wird hingegen die Schwingungsdauer T gegen die Wurzel aus der Pendellänge $\sqrt{L}$ aufgetragen, so liegen die Messpunkte auf einer Geraden. Die Steigung dieser Geraden beträgt $m = \frac{2\pi}{\sqrt{g}}$ (Abb. 6.14).

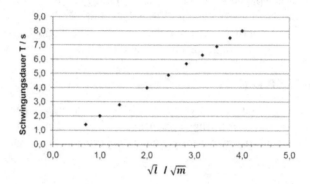

Abbildung 6.14: Linearisierung durch Auftragung der Schwingungsdauer T gegen $\sqrt{L}$. Die Steigung der Geraden beträgt $m = \frac{2\pi}{\sqrt{g}}$

Eine weitere Variante besteht darin, die Ausgangsgleichung zu quadrieren:

$$T^2 = 4\pi^2 \frac{L}{g} = \frac{4\pi^2}{g} L$$

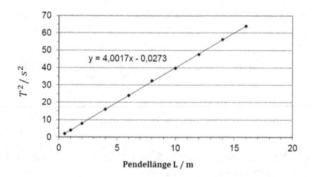

Abbildung 6.15: Linearisierung durch Auftragung von T^2 gegen L. Die Steigung der Geraden beträgt $m = \frac{4\pi^2}{g}$

Nun wird das Quadrat der Schwingungsdauer T^2 gegen die Pendellänge L aufgetragen (Abb. 6.15). Auch hier ergibt sich eine Gerade, nun aber mit der Steigung $m = \frac{4\pi^2}{g}$. In Abb. 6.15 ist die berechnete Regressionsgerade eingefügt. Die Steigung beträgt $m = 4{,}0017 \frac{s^2}{m}$.

$$\text{Erdbeschleunigung} \qquad g = \frac{4\pi^2}{m} = \frac{4\pi^2}{4{,}0017} \frac{m}{s^2} = 9{,}86 \frac{m}{s^2}$$

Arrheniusdarstellung - Arrheniusdiagramm

Die Geschwindigkeit einer chemischen Reaktion $R(T)$ nimmt im allgemeinen mit der Temperatur T zu. Eine quantitative Beschreibung der Abhängigkeit der Reaktionsgeschwindigkeit von der Temperatur ist mittels der Arrhenius-Gleichung möglich.

$$R(T) = R_0\, e^{-\frac{E_a}{k_B T}} \quad \text{mit} \quad R_0 \quad \text{Reaktionsrate}$$

$$E_a \quad \text{Aktivierungsenergie } [\text{J}\,\text{mol}^{-1}]$$

$$k_B = 1{,}381 \cdot 10^{-23}\, \frac{\text{J}}{\text{K}} \quad \text{Boltzmann-Konstante}$$

$$T \quad \text{absolute Temperatur}$$

Linearisierung mittels logarithmieren:

$$\ln R(T) = \ln R_0 - \frac{E_a}{k_B} \frac{1}{T}$$

$$y = b \quad + \quad mx$$

Ganz allgemein bezeichnet man als Arrhenius-Graph (Arrhenius-Plot, Arrhenius-Diagramm) eine grafische Darstellung von Messwerten bei der die Werte der einen Messgröße (hier die Reaktionsgeschwindigkeit einer chemischen Reaktion) logarithmisch gegen den Kehrwert der Temperatur aufgetragen werden. Sie ist von der Physik, über die Chemie bis zur Biologie eine der wichtigsten Auswertungsmittel.

Die Tabelle 6.2 zeigt gemessene Reaktionsraten $R(T)$ in Abhängigkeit von der Temperatur T.

Tabelle 6.2: Reaktionsrate in Abhängigkeit von der Temperatur

T / K	$R(T)$ / $\frac{cm}{s}$	T / K	$R(T)$ / $\frac{cm}{s}$
200	$1,37 \cdot 10^{-41}$	1000	$2,68 \cdot 10^{-3}$
300	$1,23 \cdot 10^{-25}$	1100	$1,98 \cdot 10^{-2}$
400	$1,17 \cdot 10^{-17}$	1200	$1,05 \cdot 10^{-1}$
500	$7,16 \cdot 10^{-13}$	1300	$4,33 \cdot 10^{-1}$
600	$1,11 \cdot 10^{-9}$	1400	$1,45 \cdot 10^{0}$
700	$2,11 \cdot 10^{-7}$	1500	$4,15 \cdot 10^{0}$
800	$1,08 \cdot 10^{-5}$	1600	$1,04 \cdot 10^{1}$
900	$2,31 \cdot 10^{-4}$	1700	$2,34 \cdot 10^{1}$

Die Daten sind in Abb. 6.16 mit einer linearen Achsenskalierung aufgetragen. Bis zu einer Temperatur von ca. 1200 K liegen alle Datenpunkte auf der x-Achse, für höhere Temperaturen erfolgt ein steiler Anstieg. Ein Blick auf die Datentabelle zeigt, dass die Reaktionsraten $R(T)$ in einem Bereich von etwa $10^{-41}\,\frac{cm}{s}$ bis $10^{+1}\,\frac{cm}{s}$ liegen, d.h. es wird ein Bereich von 42 Größenordnungen (Zehnerpotenzen) überstrichen. Dieses lässt sich mit einer linear skalierten Koordinatenachse nicht mehr auflösen. Eine Logarithmierung der y-Achse hilft an dieser Stelle weiter. Wird weiterhin auf der x-Achse der Kehrwert der Temperatur '$\frac{1}{T}$' aufgetragen, so ergibt der Kurvenverlauf eine Gerade (Abb. 6.17).

In Abb. 6.17 ist die berechnete Regressionsgleichung eingefügt.

$$R(T) = 1 \cdot 10^7 \frac{cm}{s} \cdot e^{-\dfrac{22042\,K}{T}}$$

Hieraus folgt aus dem Achsenabschnitt die Reaktionsrate R_0

$$R_0 = 10^7 \frac{cm}{s}$$

Aus der Steigung $m = -22042\,K$ errechnet sich die Aktivierungsenergie der chemischen Reaktion (mit der Boltzmann-Konstanten $k_B = 8,62 \cdot 10^{-5} \frac{eV}{K}$) zu

$$-\frac{E_a}{k_B} = -22042\,K \quad \Rightarrow \quad E_a = 22042\,K \cdot 8,62 \cdot 10^{-5} \frac{eV}{K} = 1,9\,eV$$

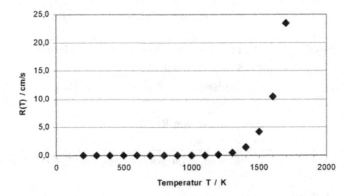

Abbildung 6.16: Lineare Darstellung der Arrhenius-Gleichung

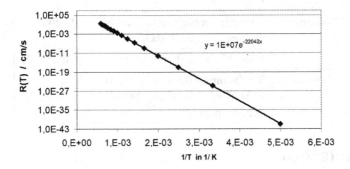

Abbildung 6.17: Arrhenius-Auftragung, der Logarithmus von $R(T)$ ist gegen den Kehrwert der Temperatur $\frac{1}{T}$ aufgetragen.

Diese Berechnung der Koeffizienten der Arrheniusgleichung ist eine der wichtigsten Anwendungen der Arrhenius-Auftragung in den Bereichen Physik, Ingenieurwesen und Chemie. Die Tabelle 6.3 listet einige Anwendungen auf.

Tabelle 6.3: Anwendungsgebiete der Arrhenius-Auftragung

Physik	Dampfdruck des Wassers als Funktion der Temperatur	[Har07]
	Glühemission (Richardson-Gleichung)	[Vog95]
	Bestimmung von Reaktionswärmen	[Chr68]
	Bestimmung von Aktivierungsenergien	[Vog95]
Halbleiter	Ladungsträgerdichten als Funktion der Temperatur für Si und Ge	[Sze81]
Chemie	Temperaturabhängigkeit der Reaktionsgeschwindigkeit	[Chr68]
	Haltbarkeit von Lebensmitteln	[HREK02]
Biologie	Wachstumsgeschwindigkeit von Bakterienkulturen als Funktion der Temperatur	

6.2 Aufgaben

A 6.1 (Kondensator-Aufladung)

Zur Zwischenspeicherung von elektrischer Energie werden vier UltraCap-Kondensatoren (Hochleistungskondensatoren) mit einer Gesamtkapazität von $C = 5,5\,\text{F}$ (4 x 22 F in Reihe) über einen ohmschen Widerstand von $R = 1,2\,\Omega$ auf eine Spannung von $U_0 = 2\,\text{V}$ aufgeladen. Der Spannungsverlauf ist bestimmt durch $U_C(t) = U_0 \left(1 - e^{-\frac{t}{RC}}\right)$ und der Stromverlauf durch $I_C(t) = \frac{U_0}{R} \cdot e^{-\frac{t}{RC}}$.

a) Erstellen Sie eine Wertetabelle für den Zeitbereich [0 s, 30 s] für den Spannungs- und Stromverlauf.

b) Stellen Sie den Spannungsverlauf $U_c(t)$ und den Verlauf der Stromstärke $I_c(t)$ während der Aufladung in Diagrammen mit einer linearen Achsenskalierung dar.

A 6.2 (Kondensator-Entladung)

Ein Kondensator der Kapazität $C = 6\,\mu\text{F}$ wird auf $U_0 = 220\,\text{V}$ aufgeladen und anschließend über einen $R = 25\,\text{k}\Omega$ Widerstand entladen. Für den Spannungsverlauf $U_C(t)$ gilt die Beziehung $U_C(t) = U_0 \cdot e^{-\frac{t}{RC}}$.

a) Erstellen Sie eine Wertetabelle für die folgenden Zeiten t:
   0 s, 50 ms, 100 ms, 150 ms, 200 ms, 300 ms, 400 ms, 500 ms, 600 ms.

b) Stellen Sie den Spannungsverlauf $U_C(t)$ während der Entladung grafisch mit linearer und halblogarithmischer Achseneinteilung dar.

A 6.3 (Radioaktiver Zerfall)

Bei der Altersbestimmung nach der C14-Methode lässt sich das Alter einer Probe aus der Anzahl der noch vorhandenen radioaktiven Teilchen zur Zeit t berechnen. Für den radioaktiven Zerfall gilt:

$$N(t) = N_0 e^{-\lambda t} \quad \text{mit} \quad N_0 \qquad \text{Anzahl der Teilchen zur Zeit } t = 0$$

$$N(t) \qquad \text{Anzahl der vorhandenen Teilchen zum Zeitpunkt } t$$

$$\lambda \qquad \text{Zerfallskonstante} \quad \lambda = \frac{\ln 2}{T_{50}}$$

$$T_{50} \qquad \text{Halbwertszeit}$$

Es sind die folgenden Daten gegeben:

Zeit t / a	2 000	4 000	6 000	8 000	10 000	12 000	14 000
$N(t)$ / 10^{15}	4	3,1	2,4	1,9	1,4	1,1	0,85

a) Tragen Sie die Daten in einem Diagramm mit linearer Achsenskalierung auf.

b) Tragen Sie die Daten in halblogarithmischer Darstellung auf. Bestimmen Sie N_0 und λ aus Steigung und Achsenabschnitt.

c) Wie groß ist die Halbwertszeit T_{50} ?

A 6.4 (Arrhenius-Gleichung - Zerfall von Lachgas N_2O)

Für den Zerfall von Lachgas $N_2O \longrightarrow N_2 + O$ bei höheren Temperaturen folgt die Reaktionsrate $n(T)$ der Arrheniusgleichung:

$$n(T) = n_0 \cdot e^{-\dfrac{E_a}{RT}}$$

In Versuchen wurden folgende Reaktionsraten ermittelt.
Anm.: universelle Gaskonstante $R = 8{,}314 \frac{J}{K\,mol}$

T / K	1 200	1 250	1 300	1 350	1 400	1 450
$n(T)$ / $\frac{1}{s}$	10	30,1	69,5	172	374	760

[Ham11, Chr68]
Tragen Sie die Messdaten in einem Arrhenius-Diagramm auf und bestimmen Sie die Konstanten n_0 und E_a (Aktivierungsenergie für die Reaktion) aus der Regressionsgleichung.

A 6.5 (Photoeffekt)

Der Photoeffekt tritt auf, wenn Lichtstrahlen genügend kurzer Wellenlänge auf eine glatte
Metalloberfläche treffen und Elektronen aus dieser Oberfläche herauslösen. Hierzu ist eine
bestimmte Grenzfrequenz f_0 notwendig, oberhalb derer der Effekt auftritt. Es wurden im
Versuch folgende Messdaten ermittelt, wobei die Gegenspannung U notwendig ist, um den
Elektronenstrom auszulöschen.

λ / nm	405,0	435,0	491,5	546,0	578,0	630,0	700,6
U / V	1,68	1,51	1,20	0,95	0,84	0,66	0,48

Es gelten die Zusammenhänge

$$U(f) = \frac{h}{e} f - \frac{W_A}{e} \qquad \text{und} \qquad c = \lambda \cdot f \qquad \text{mit}$$

h	Planck'sches Wirkungsquantum $h = 6{,}626 \cdot 10^{-34}\,\mathrm{J\,s}$	e	Elementarladung $e = 1{,}602 \cdot 10^{-19}\,\mathrm{C}$
W_A	Austrittsarbeit	λ	Wellenlänge
c	Lichtgeschwindigkeit $c = 3 \cdot 10^8\,\frac{\mathrm{m}}{\mathrm{s}}$	f	Frequenz

Einheiten : $\mathrm{C = A\,s}$; $\mathrm{J = W\,s}$; $\mathrm{W = A\,V}$; $1\,\mathrm{eV} = 1{,}602 \cdot 10^{-19}\,\mathrm{J}$

a) Tragen Sie $U(f)$ mit einer sinnvollen Achseneinteilung auf. Für die im Anschluss
durchzuführende Extrapolation wählen Sie für die y-Achse auch negative Spannungswerte.

b) Legen Sie eine Gerade durch die Messpunkte und bestimmen die Steigung und den
Achsenabschnitt. Mittels dieser Werte berechnen Sie das Plancksche Wirkungsquantum h und die Austrittsarbeit W_A (auch in der Einheit eV).

c) Bestimmen Sie die Grenzfrequenz f_0, ab der Photoeffekt für das gewählte Ka-
thodenmaterial auftritt, d.h. den Schnittpunkt der Geraden mit der f-Achse.

A 6.6 (Kraft zwischen zwei Kondensatorplatten)

Gegeben ist ein Plattenkondensator mit dem Plattenabstand d und der Fläche $A = 100\,\text{cm}^2$. Liegt eine Spannung U an den Platten, so beträgt die Anziehungskraft zwischen ihnen :

$$F(A,d,U) = \frac{1}{2}\,\varepsilon_0\,\varepsilon_r\,A\left(\frac{U}{d}\right)^2 \qquad \text{mit} \quad \varepsilon_r = 1$$

$$\varepsilon_0 = 8{,}854\cdot 10^{-12}\,\frac{\text{As}}{\text{Vm}}$$

a) Berechnen Sie für die Plattenabstände $d = 2\,\text{mm}$ und $d = 5\,\text{mm}$ im Spannungsbereich von $0\,\text{V} \leq U \leq 5000\,\text{V}$ die Kräfte $F(A,d,U)$ und tragen sie diese in eine Wertetabelle ein.

b) Stellen Sie die Zahlenwerte in einem Diagramm dar. (Achten Sie auf eine sinnvolle Skalierung)

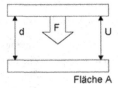

Fläche A

A 6.7 (Schallgeschwindigkeit in Luft und Helium)

Die Schallgeschwindigkeit in Gasen (z.B. Luft, Helium) berechnet sich gemäß $v = \sqrt{\frac{\gamma R T}{m_{\text{mol}}}}$, d.h. sie ist proportional zu $\sqrt{T}$. Für die Konstanten sind folgende Werte anzusetzen [Tip08, Her99]:

$$\text{Luft} \qquad \gamma_{\text{Luft}} = \frac{7}{5}; \qquad m_{\text{mol,Luft}} = 29\cdot 10^{-3}\,\frac{\text{kg}}{\text{mol}}$$

$$\text{Helium} \qquad \gamma_{\text{Helium}} = \frac{5}{3}; \qquad m_{\text{mol,Luft}} = 4\cdot 10^{-3}\,\frac{\text{kg}}{\text{mol}}$$

$$\text{Gaskonstante} \qquad R = 8{,}314\,\frac{\text{J}}{\text{K mol}}$$

a) Berechnen Sie für den Temperaturbereich von $T = -20\,^\circ\text{C}$ bis $T = +60\,^\circ\text{C}$ die Schallgeschwindigkeiten in Luft und in Helium. Tragen sie die Werte in einem Diagramm auf.

b) Wie groß sind die Schallgeschwindigkeiten in Luft und in Helium bei $20\,^\circ\text{C}$?

A 6.8 (Anfangskapital und Verzinsung)

Eine Bank bietet ihnen Geschäftsanteile an und gibt für eine Anlagedauer von bis zu 20 Jahren folgende Beträge K_n an, auf die ihr Anfangskapital K_0 jeweils nach 'n' Jahren angewachsen ist.

n / Jahre	K_n / €
2	1123,60
4	1262,48
6	1418,52
8	1593,85
10	1790,85
15	2396,56
20	3207,14

Nach der Zinseszinsformel berechnet sich das Endkapital zu

$$K_n = K_0 \cdot q^n \qquad \text{mit} \quad \begin{array}{ll} K_0 & \text{Anfangskapital} \\ q = 1 + \frac{p}{100} & \text{Zinsfaktor} \\ p & \text{Zinssatz in \%} \\ n & \text{Zinsdauer} \end{array}$$

a) Tragen Sie die Daten in einem Diagramm auf.

b) Führen Sie eine Regressionsrechnung auf Basis der Potenzgleichung $y = A \cdot B^x$ durch und berechnen Sie das Anfangskapital K_0, sowie den Zinssatz p.

6.3 Lösungen

Lösung zu A 6.1 (Kondensator-Aufladung)

a) Wertetabelle für den Spannungs- und Stromverlauf

Zeit t / s	U_C / V	I_C / A	Zeit t / s	U_C / V	I_C / A
0	0,0000	1,6667	16	1,8229	0,1476
1	0,2812	1,4323	17	1,8478	0,1268
2	0,5228	1,2310	18	1,8692	0,1090
3	0,7305	1,0579	19	1,8876	0,0937
4	0,9090	0,9092	20	1,9034	0,0805
5	1,0624	0,7813	21	1,9170	0,0692
6	1,1942	0,6715	22	1,9287	0,0595
7	1,3075	0,5771	23	1,9387	0,0511
8	1,4049	0,4959	24	1,9473	0,0439
9	1,4885	0,4262	25	1,9547	0,0377
10	1,5605	0,3663	26	1,9611	0,0324
11	1,6222	0,3148	27	1,9666	0,0279
12	1,6754	0,2705	28	1,9713	0,0240
13	1,7210	0,2325	29	1,9753	0,0206
14	1,7602	0,1998	30	1,9788	0,0177
15	1,7939	0,1717			

b) Grafische Darstellung des Spannungs- und Stromverlaufes

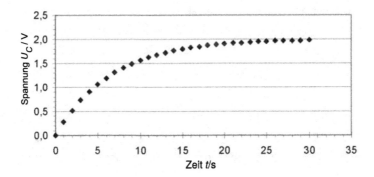

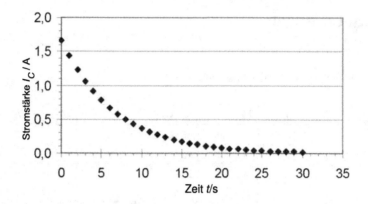

Lösung zu A 6.2 (Kondensator-Entladung)

a) Wertetabelle

Zeit t / s	U_C / V
0,00	220,00
0,05	157,64
0,10	112,95
0,15	80,93
0,20	57,99
0,30	29,77
0,40	15,29
0,50	7,85
0,60	4,03

b) Diagramm mit linearer Achsenskalierung

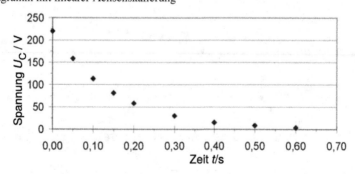

Diagramm mit halblogarithmischer Achsenskalierung

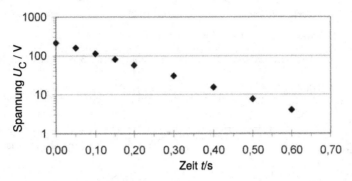

Lösung zu A 6.3 (Radioaktiver Zerfall)

a) Lineare Auftragung der Messdaten:

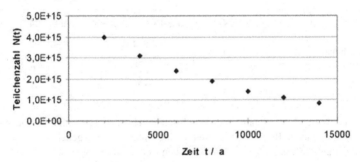

b) Halblogarithmische Auftragung der Messdaten:

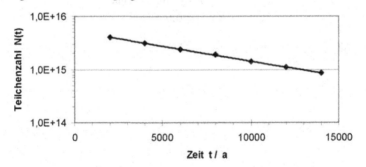

Die exponentielle Regression mit dem Taschenrechner liefert die Gleichung:

$$N(t) = 5{,}2 \cdot 10^{15} \cdot e^{-1{,}296 \cdot 10^{-4} \frac{1}{a} \cdot t}$$

Anzahl der Teilchen zum Zeitpunkt $t = 0$: $N_0 = 5{,}2 \cdot 10^{15}$

Zerfallskonstante $\lambda = 1{,}296 \cdot 10^{-4} \frac{1}{a}$

c) Halbwertszeit $T_{50} = \frac{\ln 2}{\lambda} = 5\,348\,a$

Die Halbwertszeit für C14 beträgt demnach ca 5 348 Jahre.

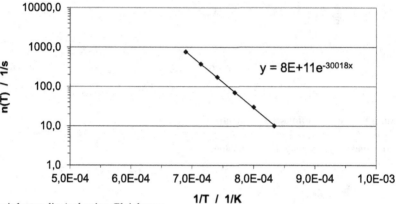

Somit lautet die Arrhenius-Gleichung:

$$n(T) = 8 \cdot 10^{11} \frac{1}{s} \, e^{-30018\,\mathrm{K} \cdot \frac{1}{T}}$$

Wird die Regressionsrechnung mit dem Taschenrechner durchgeführt, so können sich aufgrund der endlichen Rechengenauigkeit leichte Unterschiede ergeben.
Mit einer „e^x-Regression" ($y = A\,e^{Bx}$) ergeben sich die Koeffizienten:

$$A = 7{,}616 \cdot 10^{11} \qquad \text{und}$$
$$B = -30017{,}9.$$

Die Regressionsgleichung lautet dann:

$$n(T) = 7{,}62 \cdot 10^{11} \frac{1}{s} \, e^{-30017{,}9\,\mathrm{K} \cdot \frac{1}{T}}$$

Lösung zu A 6.5 (Photoeffekt)

a) Auftragung von $U(f)$ in einem Diagramm mit linearer Achsenskalierung.

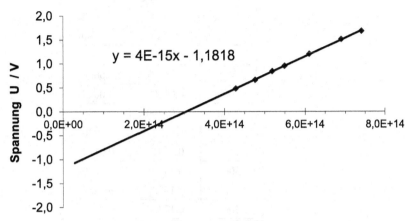

b) Die im obigen Diagramm eingefügte Regressionsgerade liefert ungenaue Werte für die Parameter, da in Excel nur eine gerundete Darstellung im Diagramm erfolgt. Eine genaue Rechnung mittels der eingebauten Funktionen oder mit einem Taschenrechner ergibt als Regressionsgleichung:

$$U(f) = \frac{h}{e} f - \frac{W_A}{e} = 3{,}885 \cdot 10^{-15}\,\text{Vs} \cdot f - 1{,}182\,\text{V}$$

Aus der Steigung m folgt:

$$m = \frac{h}{e} = 3{,}885 \cdot 10^{-15}\,\text{Vs} \;\Rightarrow\; h = 6{,}223 \cdot 10^{-34}\,\text{Js}$$

Aus dem Achsenabschnitt kann die Austrittsarbeit W_A berechnet werden:

$$b = -\frac{W_A}{e} = -1{,}182\,\frac{\text{J}}{\text{C}} \;\Rightarrow\; W_A = 1{,}182 \cdot 10^{-19}\,\text{J} = 1{,}182\,\text{eV}$$

c) Wie obigem Diagramm zu entnehmen ist, schneidet die Regressionsgerade die Frequenzachse bei

$$f_0 = 3{,}04 \cdot 10^{14}\,\text{Hz}$$

was einer Wellenlänge von $\lambda = 986{,}5\,\text{nm}$ entspricht.

Lösung zu A 6.6 (Kraft zwischen zwei Kondensatorplatten)

a) Wertetabelle:

U / V	F / N $d = 2\,\text{mm}$	F / N $d = 5\,\text{mm}$
0	0	0
500	0,00277	0,00044
1000	0,01107	0,00177
1500	0,02490	0,00398
2000	0,04427	0,00708
2500	0,06917	0,01107
3000	0,09961	0,01594
3500	0,13558	0,02169
4000	0,17708	0,02833
4500	0,22412	0,03586
5000	0,27669	0,04427

b) Diagramm:

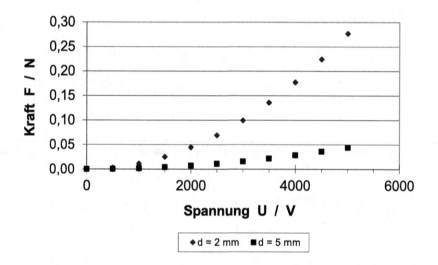

Lösung zu A 6.7 (Schallgeschwindigkeit in Luft und Helium)

a) Die Schallgeschwindigkeiten berechnen sich zu:

T / °C	T / K	v_{Luft} / $\frac{\text{m}}{\text{s}}$	v_{He} / $\frac{\text{m}}{\text{s}}$
-20	253,15	318,8	936,5
-10	263,15	325,0	954,8
0	273,15	331,1	972,7
10	283,15	337,1	990,4
20	293,15	343,0	1007,7
30	303,15	348,8	1024,8
40	313,15	354,5	1041,5
50	323,15	360,1	1058,0
60	333,15	365,7	1074,3

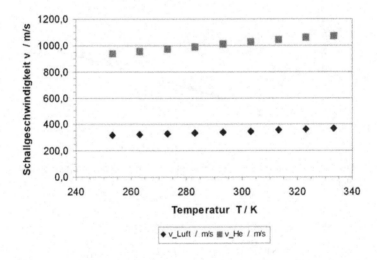

Bei einer Temperatur von 20 °C betragen die Schallgeschwindigkeiten:

$$v_{\text{Luft}} = 343\,\frac{\text{m}}{\text{s}} \quad \text{und} \quad v_{\text{He}} = 1.008\,\frac{\text{m}}{\text{s}}$$

Lösung zu A 6.8 (Anfangskapital und Verzinsung)

2.   a) Auftragung der Daten in einem Diagramm mit linear skalierten Koordinatenachsen.

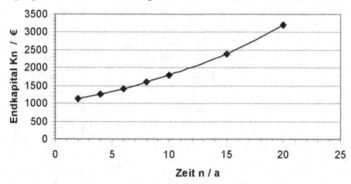

b) Logarithmieren der Gleichung $K_n = K_0 \cdot q^n$ ergibt: $\log K_n = \log K_0 + n \cdot \log q$
   Die y-Achse ist demnach logarithmisch und die x-Achse linear zu skalieren. Diese
   Darstellung kennen wir bereits von der exponentiellen Regression.

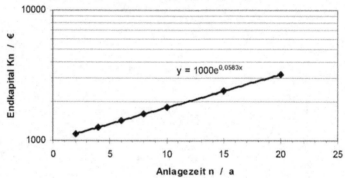

Die „e^x-Regression" ($y = A\,e^{Bx}$) ergibt die im Diagramm eingefügte Regressionsgleichung:

$$K_n = K_0 \cdot q^n = 1\,000\,€ \cdot \left(e^{0,0583}\right)^{n/a}$$

$\Rightarrow$ Anfangskapital $K_0 = 1\,000\,€$

Zinssatz $q = e^{0,0583} = 1 + \dfrac{p}{100} \quad \Rightarrow \quad p = 6\%$

Eine alternative Variante ist die Durchführung einer „Potenz-Regression" ($y = A\,B^x$)
mit den Zuordnungen $A \mathrel{\widehat{=}} K_0$, $B \mathrel{\widehat{=}} q$ und $x \mathrel{\widehat{=}} n$.
Hierbei ergeben sich die Koeffizienten $A = 1000$ und $B = 1,06$, damit lautet die
Regressionsgleichung

$$K_n = 1000\,€ \cdot 1,06^{n/a}$$

7 Häufigkeitsverteilung

In Kapitel 2 wurde gezeigt, dass eine physikalisch-technische Messgröße in der Praxis n-mal unter gleichen Bedingungen gemessen wird, damit eine Aussage über die Größe der zufälligen Messabweichungen (zufälliger Fehler) getroffen werden kann. Die Berechnung des arithmetischen Mittelwertes liefert dann einen wahrscheinlichen Wert, um dem die einzelnen Messdaten gleichmäßig verteilt sind. Im folgenden wollen wir uns mit den Eigenschaften einer derartigen Häufigkeitsverteilung einer Messreihe befassen. Eine zentrale Rolle spielt dabei die sogenannte Normal- oder Gaußverteilung, die die Abweichungen der Messwerte vieler natur-, wirtschafts- und ingenieurwissenschaftlichen Abläufe vom Mittelwert beschreibt. In der Messtechnik wird häufig zur Beschreibung der Streuung der Messabweichungen (Messfehler) eine Normalverteilung angesetzt. Hierbei ist von Bedeutung, wie viele Messpunkte innerhalb einer vorgegebenen Streubreite liegen - diese Frage beschäftigt insbesondere Ingenieure, die in Qualitäts-, Test- oder Fertigungsbereichen einer Firma tätig sind.

7.1 Gaußverteilung - Normalverteilung

Ganz allgemein werden *Häufigkeitsverteilungen* erstellt, indem die Messwerte x_i zunächst der Größe nach geordnet und dann in Klassen der Breite Δx aufgeteilt werden. Jede Klasse enthält dann eine bestimmte Anzahl an Messwerten. Diese Häufigkeitsverteilung lässt sich anschaulich in einem Histogramm darstellen. Es wird von einer *diskreten* Häufigkeitsverteilung gesprochen.

Betrachten wir folgendes Beispiel, tiefer gehende Beschreibungen sind z.B. bei PAPULA [Pap01a] zu finden.

Die Frequenz eines Schwingkreises wird 160-mal gemessen, wobei die Werte zwischen 400 kHz und 410 kHz liegen. Eine Unterteilung in 10 Klassen der Breite $\Delta f = 1$ kHz führt zu folgender Häufigkeitsverteilung:

Tabelle 7.1: Aufteilung der Messwerte in Frequenzklassen

Klassen-Nr.	Klassengrenzen in kHz	Anzahl der Messwerte
1	400 - 401	2
2	401 - 402	6
3	402 - 403	20
4	403 - 404	28
5	404 - 405	38
6	405 - 406	30
7	406 - 407	18
8	407 - 408	12
9	408 - 409	4
10	409 - 410	2

Die grafische Darstellung ist in Abb. 7.1 zu sehen. Es ist klar zu erkennen, welche Frequenz am häufigsten gemessen wurde.

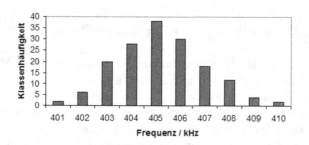

Abbildung 7.1: Histogramm der Frequenzmessungen

Stellen wir uns nun vor, dass die Anzahl „n" der Messungen erhöht und gleichzeitig die Klassenbreite „Δx" verkleinert wird, so werden die Säulen immer feiner und die Auflösung vergrößert sich. Für $n \to \infty$ geht die diskrete Häufigkeitsverteilung in eine kontinuierliche (*stetige*) Verteilung über. Die Verteilung wird dann durch eine Verteilungsdichtefunktion $f(x)$ beschrieben, die folgende Eigenschaften besitzt:

1. Die Messwerte sind symmetrisch um ein Maximum verteilt.

2. Je größer die Abweichung eines Messwertes vom Maximum ist, um so geringer ist seine Häufigkeit (Wahrscheinlichkeit).

Diese Eigenschaften erfüllt die Dichtefunktion der **Gauß'schen Normalverteilung**:

$$f(x) = \frac{1}{\sqrt{2\pi}\ \sigma}\ e^{-\frac{1}{2}\left(\frac{x-\mu}{\sigma}\right)^2} \qquad (-\infty < x < \infty)$$

Für normalverteilte Messgrößen besitzt die Form der Dichtefunktion den typischen Verlauf einer Glocke. Man spricht von der Gauß'schen *Glockenkurve* (Abb. 7.2).

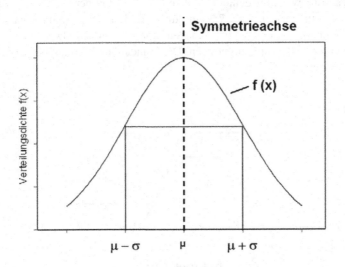

Abbildung 7.2: Eigenschaften der Gauß'schen Normalverteilung

Die Gauß'sche Normalverteilung gehört zu den theoretisch und praktisch wichtigsten Wahrscheinlichkeitsverteilungen. Die Kennwerte oder Maßzahlen „μ" und „σ" in der Dichtefunktion $f(x)$ haben folgende Bedeutungen:

μ Mittelwert oder Erwartungswert $(\mu \hateq \bar{x})$

σ Standardabweichung $(\sigma \approx s)$

σ^2 Varianz

Das Maximum der Dichtefunktion liegt bei $x_{max} = \mu$ und beträgt $f_{max} = \frac{1}{\sigma\sqrt{2\pi}}$. Die Fläche unter der Kurve innerhalb vorgegebener Grenzen berechnet sich mittels Integration der Dichtefunktion. Nach Normierung der Dichtefunktion $f(x)$ (siehe Kap. 7.2) ist die gesamte Fläche unter der Gaußkurve gleich 1, was in der Sprache der Wahrscheinlichkeitstheorie einem sicheren Ereignis entspricht. Weitere Details sind in entsprechender Literatur zu finden, z.B. [Pap01a, Are08, Kle01]. Im Rahmen dieses Buches liegt der Schwerpunkt bei der praktischen Bedeutung und der Anwendung der Normalverteilung.

Die Verteilungsfunktion $f(x)$ der Normalverteilung besitzt an der Stelle $x = \mu$ ihr *absolutes* Maximum, d.h. dieser Wert tritt mit der höchsten Wahrscheinlichkeit auf. Symmetrisch dazu liegen an den Stellen $x = \mu \pm \sigma$ Wendepunkte. Eine Änderung des Mittelwertes bedeutet also eine Verschiebung der Glockenkurve nach links oder nach rechts. In Abb. 7.3 sind die Verteilungen der gemessenen Oxiddicken für einen integrierten MOS Kondensator für drei Mittelwerte $\mu = 27\,$nm, $\mu = 30\,$nm und $\mu = 35\,$nm aufgetragen. Die Standardabweichung beträgt für alle Kurven $\sigma = 2\,$nm.

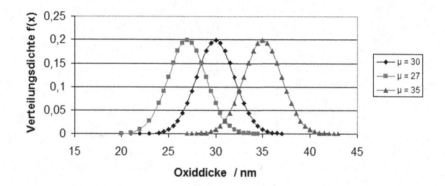

Abbildung 7.3: Verteilungsdichten der Normalverteilungen mit den Mittelwerten $\mu = 27\,$nm, $\mu = 30\,$nm und $\mu = 35\,$nm mit einer Standardabweichung $\sigma = 2\,$nm

Während die Kennzahl „μ" die Lage des Maximums festlegt, bestimmt die Kennzahl „σ" im wesentlichen die „Höhe" und „Breite" der Dichtefunktion $f(x)$ (Glockenkurve), wie in der Abb. 7.4 zu sehen ist.

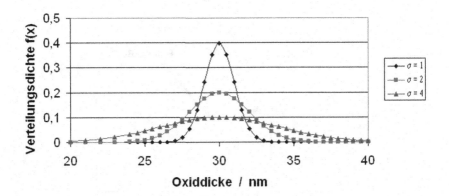

Abbildung 7.4: Verteilungsdichten der Normalverteilungen mit den Standardabweichungen $\sigma = 1\,\text{nm}$, $\sigma = 2\,\text{nm}$ und $\sigma = 4\,\text{nm}$ für einen Mittelwert $\mu = 30\,\mu\text{m}$

Je kleiner die Standardabweichung σ ist, umso stärker ist das Maximum ausgeprägt und umso steiler fällt nach beiden Seiten die Gauß'sche Glockenkurve hin ab. Die Genauigkeit einer Messung wird somit wesentlich durch den Parameter σ bestimmt, denn offensichtlich gilt:

Kleines σ $\rightarrow$ schmale Kurve $\rightarrow$ hohe Genauigkeit

Großes σ $\rightarrow$ breite Kurve $\rightarrow$ geringe Genauigkeit

Die Standardabweichung σ ist demnach eine Art *Genauigkeitsmaß* für unsere Messungen. Wird in den Intervallen

$$[\mu - \sigma; \mu + \sigma], \quad [\mu - 2\sigma; \mu + 2\sigma] \quad \text{und} \quad [\mu - 3\sigma; \mu + 3\sigma]$$

die Fläche unter der Glockenkurve berechnet, so ergibt sich, dass 68,3%, 95,5% bzw. 99,73% aller Messwerte sich in dem entsprechenden Intervall befinden.

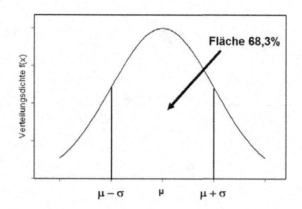

Abbildung 7.5: 1σ-Bereich um den Mittelwert μ

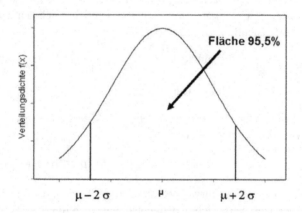

Abbildung 7.6: 2σ-Bereich um den Mittelwert μ

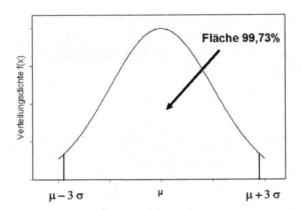

Abbildung 7.7: 3σ-Bereich um den Mittelwert μ

Auf die **Bedeutung** der Standardabweichung σ für die Streuung der einzelnen Messwerte x_i um den Mittelwert μ wird in Kapitel 7.2 eingegangen.

Die Erfahrung lehrt, dass die Messwerte einer physikalisch-technische Messgröße „x" in den meisten Fällen <u>annähernd normalverteilt</u> sind. Als Erklärung dazu beachten wir, dass jeder Messvorgang bekanntlich einer großen Anzahl von völlig regelloser und unkontrollierbarer kleiner Einflüsse wie z.B.

- Temperaturschwankungen
- Luftdruckschwankungen
- Luftfeuchtigkeitsschwankungen
- Mechanischen Erschütterungen
- Elektromagnetischen Feldern

unterliegt. Hierbei handelt es sich um zufällige Messabweichungen („zufällige Fehler"). Diese zufälligen Messabweichungen addieren sich zum Gesamtfehler. Nach den Gesetzen der Wahrscheinlichkeitsrechnung kann die Messgröße x als normalverteilte Zufallsgröße aufgefasst werden.

7.2 Standardnormalverteilung

Werden in der Dichtefunktion $f(x)$ aus dem vorhergehenden Abschnitt die Kennzahlen für den Mittelwert $\mu = 0$ und der Standardabweichung $\sigma = 1$ gesetzt, so ergibt sich ein symmetrischer Verlauf der Glockenkurve um die y-Achse, das Maximum liegt bei „$x = 0$" (Abb. 7.8).

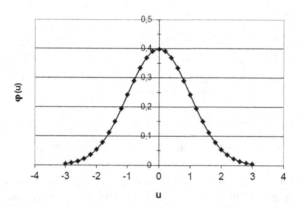

Abbildung 7.8: Verlauf der Standardnormalverteilung mit den Parametern $\mu = 0$ und $\sigma = 1$

Es wird dann von einer *Standardnormalverteilung*, normierten Normalverteilung oder (0,1)-Normalverteilung gesprochen.
Die Dichtefunktion der Standardnormalverteilung lautet:

$$\varphi(u) = \frac{1}{\sqrt{2\pi}} e^{-\frac{1}{2}u^2} \qquad -\infty < u < \infty$$

Sie ist normiert und die Fläche unter der Glockenkurve (die sogenannte Verteilungsfunktion) besitzt den Flächeninhalt Eins:

$$\int_{-\infty}^{\infty} \varphi(u)\,du = \frac{1}{\sqrt{2\pi}} \int_{-\infty}^{\infty} e^{-\frac{1}{2}u^2}\,du = 1$$

Die Dichtefunktion $f(x)$ mit beliebigen μ, σ-Werten geht mit der Transformation $u = \frac{t-\mu}{\sigma}$ in die normierte Verteilung über. Sind obere oder untere Grenzen gegeben, so lautet die Verteilungsfunktion $\Phi(u)$:

$$\Phi(u) = \frac{1}{\sqrt{2\pi}} \int_{-\infty}^{u} e^{-\frac{1}{2}t^2}\, dt$$

Sie wird auch Gauß'sches Fehlerintegral genannt.

Die Berechnung kann nicht auf eine elementare Stammfunktion zurückgeführt werden. Sie erfolgt durch zurückgreifen auf Tabellen oder heutzutage auf die Nutzung von Tabellenkalkulationsprogrammen (die entsprechende Zellenfunktionen enthalten) oder Mathematikprogrammen (wie Maple, Mathematica, Matlab, ...). Tiefergehende Betrachtungen der mathematischen Zusammenhänge sind nicht Thema dieses Buches, hier sei auf die angegebene Fachliteratur verwiesen. Für eine erste Beurteilung und das Verständnis der Messabweichungen von Messreihen reicht an dieser Stelle die Betrachtung der Vertrauensbereiche.

Ist eine Normalverteilung gegeben, so haben wir im vorherigen Kapitel gesehen, dass 68,3% aller Messpunkte in einem Bereich $[\mu - \sigma; \mu + \sigma]$ um den Mittelwert μ liegen. Wird durch die Transformation eine Normierung der Dichtefunktion durchgeführt, so ergibt sich folgendes Bild:

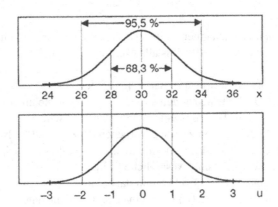

Abbildung 7.9: Verteilungsdichte $f(x)$ der Normalverteilung mit dem Mittelwert $\mu = 30\,$nm und der Standardabweichung $\sigma = 2\,$nm, verglichen mit der standardisierten Normalverteilung

Wird demnach der Mittelwert mit Abweichung zu $\mu = (30 \pm 2)$ nm angegeben, so bedeutet dieses in der Sprache des Qualitätswesens:

Handelt es sich bei der Abweichung um den sogenannten 1σ-Wert, so liegen 68,3% der Messergebnisse oder Bauteile innerhalb der vorgegebenen Fehlergrenzen. Liegt das Ergebnis als 2σ-Wert vor, so liegen 95,5% aller Messergebnisse oder Bauteile innerhalb der vorgegebenen Fehlergrenzen, usw.

Diese Aussagen spielen in der industriellen Fertigung und Qualitätskontrolle eine zentrale Rolle. Liegen nämlich z.B. 100 Einzelmessungen vor, so erwarten wir, dass für eine Streuung von 1σ rund 68 Messwerte in dem Intervall $[\mu - \sigma; \mu + \sigma]$ symmetrisch um den Mittelwert liegen. Andererseits bedeutet dieses auch, dass 32 Messwerte, d.h. eventuell 32 Produkte außerhalb der Spezifikation liegen. Unter dem Aspekt der Ausbeute heißt dieses, dass 68 Produkte funktionsfähig sind und 32 Teile ausgesondert werden müssen.

1σ-Wert: 68,3% der Gesamtfläche liegt im Bereich $\mu - \sigma \leq x \leq \mu + \sigma$

2σ-Wert: 95,5% der Gesamtfläche liegt im Bereich $\mu - 2\sigma \leq x \leq \mu + 2\sigma$

3σ-Wert: 99,73% der Gesamtfläche liegt im Bereich $\mu - 3\sigma \leq x \leq \mu + 3\sigma$

Das Ziel des Qualitätsmanagments eines Unternehmens wird es sein, im Idealfall 100% Ausbeute zu erzielen oder dass alle Messwerte innerhalb des Toleranzbereiches liegen.

Der sogenannte *Six Sigma* (6σ) Ansatz wird heute als statistisches Qualitätsziel und Methode des Qualitätsmanagments weltweit von Unternehmen der Fertigungsindustrie und im Dienstleistungssektor angewandt. Es wird von der Six-Sigma-Qualität in den Produktionsprozessen gesprochen [Pyz11, Jun06]. Neben der breiten Palette von Qualitätswerkzeugen, die nicht Thema dieses Buches sind, spielt die Standardabweichung σ eine wesentliche Rolle.

Der Name „Six Sigma" oder „6σ" kommt daher, dass die Forderung besteht, dass die obere Toleranzgrenze USL (Upper Sigma Level) und die untere Toleranzgrenze LSL (Lower Sigma Level) mindestens sechs Standardabweichungen vom Mittelwert μ entfernt liegen (Abb.7.10).

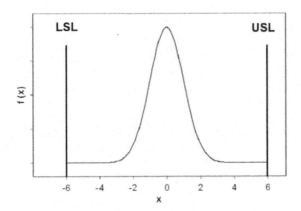

Abbildung 7.10: Schaubild der Standardnormalverteilung mit den Annahmen des Six-Sigma-Modells

Unter diesen Annahmen sind also Werte jenseits der Toleranzgrenzen (Spezifikationsgrenzen) extrem unwahrscheinlich, selbst wenn sich aufgrund von Verschiebungen im Fertigungsprozess die Verteilungskurven um $1,5\sigma$ nach rechts oder nach links verschieben sollte. Für diesen Fall liegt der Mittelwert immer noch $4,5\sigma$ von der Toleranzgrenze entfernt. Praktisch entspricht dieses einer „*Nullfehlerproduktion*".

Teil II

Protokolle - Berichte - Präsentationen

8 Normen und Begriffe

Die Erstellung und Pflege technischer Dokumente bildet inzwischen einen wesentlichen Teil der Ingenieurtätigkeit. Neben den Anforderungen aus der technischen Sicht sind auch immer mehr formale und juristische Aspekte zu berücksichtigen (z.B. Beachtung der Forderungen aus dem Produkthaftungsgesetz).

Technische Dokumente werden fast immer zielgruppen-orientiert erstellt. Man unterscheidet zwischen technischen Dokumenten für den *internen Gebrauch* und solchen, die für *Anwender* technischer Geräte und Einrichtungen erstellt werden.

8.1 Normen

Für den Aufbau und die inhaltliche Gestaltung von Dokumenten, speziell in der Mess- und Prüftechnik, gibt es keine einheitlichen Regeln. In einigen Normen sind einzelne Komponenten technischer Dokumente definiert, darüber hinaus gibt es etliche Empfehlungen, von denen die wichtigsten in diesem Abschnitt erwähnt werden.

Die fehlende verbindliche Regulierung für den Aufbau und die Struktur technischer Dokumente hat dazu geführt, dass nahezu jedes Unternehmen eigene Dokumentationsrichtlinien hat (oft auch im Zusammenhang mit der „corporate identity"). Diese unternehmensspezifischen Richtlinien haben jedoch bei näherer Betrachtung viele Gemeinsamkeiten. In den folgenden Kapiteln werden wir uns daher auf diese Gemeinsamkeiten beschränken.

8.1.1 DIN EN 62079: Grundanforderungen

In dieser Norm sind allgemeine Grundlagen, detaillierte Anforderungen für den Entwurf und die Erstellung aller Arten von Anleitungen enthalten. Eine Einschränkung auf einen bestimmten Produktbereich ist nicht gegeben. In DIN EN 62079 wird beispielhaft aufgezeigt, wie Anleitungen (speziell technische Anleitungen) zu erstellen sind.

Alle technischen Dokumente müssen in erster Linie (für die anvisierte Zielgruppe) *eindeutig verständlich* sein. Im Zweifelsfall ist daher die sprachliche Formulierung der eindeutigen Verständlichkeit unterzuordnen.

8.1.2 DIN 6789: Produktkennzeichnung

Die DIN-Norm DIN 6789 des Deutschen Instituts für Normung e.V. regelt den Inhalt und den Aufbau von technischen und kommerziellen Informationen für Erzeugnisse.

Die Regelungen umfassen sowohl die zu verwendenden Begriffe als auch den formalen und strukturellen Aufbau der Dokumentation. So wird u.a. vorgegeben, dass umfangreiche Dokumente in einer Baumstruktur zu organisieren sind und wie einzelne Teildokumente zu nummerieren sind.

8.1.3 DIN 5008: Seitenaufbau

Ziel der DIN 5008 [DIN11] („Schreib- und Gestaltungsregeln für die Textverarbeitung") war ursprünglich die Regelung des formalen Aufbau von Geschäftsdokumenten hinsichtlich des Satzspiegels sowie der zu verwendenden Zeichen, Sonderzeichen und Trennungen. Die Vorgaben können aber auch auf technische Dokumente fast vollständig übertragen werden. Besonders zu beachten ist das Kapitel 15 der DIN 5008, in dem spezielle Vorgaben für die Gestaltung längerer Dokumente zu finden sind.

8.2 Interne Technische Dokumentation

Technische Dokumente für den *internen* Gebrauch sind alle Unterlagen, die Informationen zur Entwicklung, zur Herstellung, zum Vertrieb und zur Qualitätssicherung beinhalten. Dies sind u.a.:

- Pflichtenhefte
- Machbarkeitsstudien
- Konstruktions- und Fertigungsunterlagen
- Spezifikationen für Zulieferer
- Versuchsberichte
- Risikoanalysen
- Dokumentation von Maßnahmen zur Qualitätssicherung

Die interne technische Dokumentation bleibt bei dem jeweiligen Unternehmen dauerhaft archiviert und muss während der gesamten Lebensdauer eines Produktes auf dem aktuellen Stand gehalten werden. Eine besondere Forderung bei technischen Dokumenten besteht in der Aufzeichnung aller im Dokument seit der Erstellung vorgenommenen Änderungen („revision history").

Die interne technische Dokumentation muss auch alle Informationen der „Externen Technischen Dokumentation" (vorzugsweise im Original) enthalten.

8.3 Externe Technische Dokumentation

Die externe technische Dokumentation richtet sich an den Benutzer, der mit Benutzerinformationen wie Betriebsanleitungen, Gebrauchsanweisungen oder Sicherheitshinweisen, aber auch anhand von Plänen, Zeichnungen und Stücklisten über die Beschaffenheit und die bestimmungsgemäße Verwendung des technischen Erzeugnisses informiert wird. Die externe Dokumentation wird in der Regel von Technischen Redakteuren zielgruppengerecht erstellt.

Beispiele für externe technische Dokumente sind:

- Bedienungsanleitungen
- Aufbau– und Inbetriebnahmeanleitungen
- Sicherheitsdatenblätter
- Protokolle für Zulassungsprüfungen (z.B. TÜV, Kalibrierprotokolle, …)

9 Arten technischer Dokumente

9.1 Protokolle

Ein *Protokoll* ist eine Mitschrift während einer Versuchsdurchführung. Das Protokoll enthält sämtliche Aufzeichnungen, die für die Auswertung des Experiments und für die Erstellung eines Laborberichtes relevant sein könnten. Das folgende Beispiel zeigt eine allgemeine Gliederung für ein Protokoll:

1. **Titelblatt**
   Das Titelblatt enthält mindestens die Versuchsbezeichnung, den Ort, das Datum und die Namen der Experimentatoren.

2. **Versuchsaufbau**
   Dieser Abschnitt enthält die genaue Beschreibung des Versuchsaufbaus. Für die meisten Experimente ist hier ist eine Skizze sinnvoll, um den genauen Aufbau und die Verbindung der Komponenten darzustellen.

3. **Geräteliste**
   Die Geräteliste enthält mindestens die Angabe des Gerätetyps und der Seriennummer, ggf. auch mit einer labor-interne Kennzeichnung, über die das Gerät *eindeutig* zu identifizieren ist.

4. **Messwerte**
   Die aufgenommenen Messwerte sind wegen der besseren Übersichtlichkeit in Form einer Tabelle darzustellen. Die Tabellenköpfe sollen die Größe und die Einheiten enthalten, in den Tabellenfeldern finden sich dann nur noch dimensionslose Zahlen (vgl. Tabelle 9.1).

5. **Äußere Bedingungen**
   Falls äußere Bedingungen in irgend einer Weise einen Einfluss auf den Versuchsverlauf oder die Ergebnisse haben könnten, sind diese mit im Messprotokoll aufzuführen. Dies könnten z.B. Umgebungstemperatur, Luftdruck oder ähnliche Größen sein.

Tabelle 9.1: Beispiel für eine Messwert-Tabelle

n	U/V	I/mA
1	2	4,1
2	4	7,9
3	6	11,9
4	8	15,4
5	10	19,1

6. **Besondere Beobachtungen**
   Hier sind Störungen des Messablaufs zu protokollieren, z.B. eine zufallende
   Tür, die zu einer Erschütterung des Messaufbaus geführt hat.

Ein Protokoll wird in der Regel handschriftlich aufgenommen. Es ist –auch im ju-
ristischen Sinne– ein Dokument. Es ist daher mit einem dokumentenechten Stift
zu erstellen, also nicht mit Bleistift oder einem anderen leicht entfernbaren Stift.
Nachträgliche Änderungen sind in keinem Fall zulässig; sie würden den Tatbe-
stand einer Urkundenfälschung darstellen. Bei einem Irrtum ist die fehlerhafte
Passage durchzustreichen und neu zu schreiben; ein Überschreiben oder die Verwendung von Löschmitteln („Tipp-Ex") ist nicht erlaubt.

9.2 Laborberichte

Der Laborbericht wird in der Regel aus dem Versuchsprotokoll erstellt, dabei kann
beispielhaft die folgende Struktur verwendet werden:

1. **Titelblatt**
   Das Titelblatt enthält dem Grunde nach die selben Informationen wie das
   Titelblatt des zugehörigen Messprotokolls.

2. **Grundinformationen**
   Ziel, Art und Umfang der Messungen sowie ggf. eine Kurzdarstellung der
   zum Verständnis erforderlichen naturwissenschaftlich-technischen Grundlagen.

3. **Darstellung des Messablaufs**

   In diesem Abschnitt ist der Messablauf genau darzustellen. Neben Text sollten hier auch Skizzen oder maßstäbliche Abbildungen eingefügt werden. Die Darstellung muss so detailliert sein, dass bei nicht nachvollziehbaren Abweichungen von erwarteten Versuchsergebnissen der Versuchablauf exakt reproduziert werden kann.

4. **Auswertung**

   Die Auswertung umfasst die Berechnung der gesuchten Größen. Hierbei ist bereits eine erste Bewertung vorzunehmen, so sind bereits hier offensichtliche Fehlmessungen, Ausreißer etc. zu streichen.

   Darüber hinaus sind die zur Auswertung genutzten Gleichungen und Berechnungsverfahren anzugeben und ggf. auch herzuleiten.

5. **Fehlerdiskussion**

   Bei einer ausreichend großen Anzahl durchgeführter Messungen können zur Fehlerabschätzung statistische Verfahren heran gezogen werden. Bei wenigen Messungen ist alternativ der Fehler nach der Methode der Gauß'schen Fehlerfortpflanzung oder durch eine sinnvolle Abschätzung anzugeben.

6. **Bewertung der Ergebnisse**

   Hier sind die erzielten Ergebnisse mit anderen Messungen oder -so weit vorhanden- mit Literaturwerten zu vergleichen. Die verwendeten Messverfahren, der Messaufbau und die erzielten Ergebnisse sind kritisch zu betrachten; falls sich aus den Messungen Verbesserungs-Ansätze ergeben, sind diese ebenfalls hier aufzuführen.

Das Ziel eines Laborberichts ist die vollständige Darstellung eines Experiments und die Darstellung der aus dem Experiment gewonnenen Ergebnisse. Grundsätzlich muss der Laborbericht daher auch immer alle relevanten Messdaten enthalten, ein alleiniger Verweis in das –als Anhang immer anzufügende– Messprotokoll ist unzulässig.

Sollten in einer bereits frei gegebenen oder veröffentlichten Fassung eines Laborberichts noch Fehler bemerkt werden oder Ergänzungen erforderlich sein, so sind diese Ergänzungen auf deutlich gekennzeichneten Seiten am Beginn des Laborberichts einzufügen. Alternativ kann eine völig neue Fassung des Berichts erstellt werden; dabei ist diese Fassung dann als „überarbeitete Fassung" einschließlich einer Revisionsnummer und des Revisionsdatums auszuweisen.

9.3 Abschlussarbeiten

In einer Abschlussarbeit sollen neue Ergebnisse oder bekannte Zusammenhänge unter einer speziellen Betrachtung dargestellt werden. Für eine solche Abschlussarbeit kann beispielhaft die folgende Struktur verwendet werden:

1. **Kurzfassung („Abstract")**
   Die Kurzfassung beschreibt die wesentlichen Inhalte der Arbeit. Sie soll dem potenziellen Leser eine Entscheidungshilfe geben, ob der vorliegende Text für ihn wichtige Informationen enthalten könnte.

   Eine Kurzfassung sollte in keinem Fall mehr als eine halbe Druckseite umfassen, meistens sind 10 bis 15 Druckzeilen ausreichend. Oft ist es erwünscht, die Kurzfassung zusätzlich auch in englischer Sprache einzufügen.

2. **Aufgabenstellung**
   In diesem Abschnitt soll die Aufgabenstellung und die Zielsetzung der Arbeit verständlich dargestellt werden. Hierzu gehört auch die inhaltliche Abgrenzung zu verwandten Themen sowie die genaue Beschreibung der erwarteten Ergebnisse.

3. **Ausgangssituation und Grundlagen**
   Im Abschnitt „Ausgangssituation" sind die bisher zum Thema der Arbeit bekannten technischen Zusammenhänge darzustellen. Neben allgemein bekannten Naturgesetzen können hier auch Ergebnisse früherer Forschungs– und Entwicklungsarbeiten sowie frühere Abschlussarbeiten erwähnnt werden, unabhängig davon, ob aus diesen Arbeiten Grundlagen für die selbst zu erstellende Abschlussarbeit genutzt werden oder nicht.

4. **Lösungsansätze**
   Die für die Aufgabenstellung in Frage kommenden Lösungsansätze sind in diesem Abschnitt zunächst darzustellen und mit einander zu vergleichen. Anschließend ist an Hand *nachvollziehbarer* Kriterien zu begründen, wie die Auswahl für den realisierten Lösungsansatz erfolgt ist.

5. **Realisierung**
   Im Abschnitt „Realisierung" sind neben der erfolgten Realisierung auch Experimente und Untersuchungen darzustellen, die zu keinem oder nicht zu den erwünschten Ergebnissen geführt haben. Diese Dokumentation ist deshalb so wichtig, damit nicht in späteren Arbeiten diese nicht zielführenden Untersuchungen wiederholt werden müssen.

Selbst wenn die in der Aufgabenstellung formulierten Ziele überhaupt nicht erreicht wurden, ist genau zu dokumentieren, welche Zwischenziele erreicht werden konnten und ob Erkenntnisse darüber gewonnen werden konnten, *warum* die gesetzten Ziele nicht erreicht werden konnten.

6. **Zusammenfassung und Ausblick**
   Hier ist zunächst eine umfassende Betrachtung durchzuführen, in der die erreichten (Teil-)ziele der Arbeit dargestellt werden. Offen gebliebene Fragen und Probleme sind zu erwähnen und zu diskutieren, darüber hinaus können hier Vorschläge für weitere Untersuchungen oder Folgethemen abgegeben werden.

7. **Anhänge**
   Einer Abschlussarbeit sind folgende Anhänge beizufügen:

   • Quellenverzeichnis (Literatur und andere Quellen)
   • Verzeichnis der Abbildungen
   • Verzeichnis der Tabellen

   Ebenso sind umfangreiche Anteile in der Regel als Anhang beizufügen, zum Beispiel:

   • Messwert-Tabellen
   • Vollständige technische Zeichnungen
   • Vollständige Programm-Listings

9.4 Präsentationen

Präsentationen müssen immer exakt auf den Zuhörerkreis abgestimmt sein. Daneben ist es erforderlich, den Umfang an die verfügbare Präsentationszeit anzupassen. In keinem Fall sollten zu viele Präsentations-Seiten („Folien") in zu kurzer Zeit gezeigt werden. Ebenfalls muss aber vermieden werden, eine einzelne Präsentationsseite mit Inhalten zu überfrachten. Die Zuhörer müssen während der gesamten Präsentation einen „roten Faden" erkennen können. Wenn daher aus einem umfangreichen Dokument eine Präsentation erstellt wird, muss in den meisten Fällen eine Beschränkung auf wenige wesentliche Inhalte erfolgen.

Bei der Erstellung einer Präsentation sollten daher folgende Regeln beachtet werden:

- Nur ein Thema pro Präsentations-Seite zeigen!

- Nicht mehr als ca. 10 Zeilen auf einer Präsentations-Seite darstellen!

- Ausreichend große Schrift wählen (mind. 18 pt)!

- Für Projektion geeignete Farben für Schrift und Hintergrund wählen. Hierbei ist auf einen möglicht großen Kontrast zu achten, damit auch bei hellem Umgebungslicht noch alle Elemente auf einer Präsentation-Seite erkennbar sind.

- Stichwortartig formulieren!
  Formulierungen in ganzen Sätzen sind für einen Zuhörer schwieriger erfassbar!

- Wenn möglich, viele grafische Darstellungen verwenden; diese müssen aber in jedem Fall eine ausreichende Qualität haben. Details in gescannten Abbildungen sind oftmals in der Projektion nur noch schwierig erkennbar, einfache Strichzeichnungen sind zu bevorzugen.

- Keine zu schnellen Wechsel der Präsentations-Seiten.
  Eine Darstellungsdauer von ca. 2 Minuten pro Präsentations-Seite hat sich bewährt.

- Keine „Spielereien" bei den Übergängen zwischen den Präsentations-Seiten einbauen. Diese führen zur Ablenkung oder Irritation der Zuhörer.

10 Methodik bei der Dokumenten-Erstellung

10.1 Konzeption technischer Dokumente

Vor der Erstellung eines jeden technischen Dokuments sind folgende grundsätzliche Frage zu klären:

- Thema und Zielsetzung
- Zielgruppe
- Umfang

Danach kann mit der Sammlung von Unterlagen (Quellen) begonnen werden. Hierbei ist jede Quelle mit folgenden Meta-Daten zu erfassen:

- lfd. Nummer
- Datum
- exakte und vollständige Quellenangabe („Zitat")
- Gültigkeit (da evtl. durch nachfolgende Dokumente ersetzt)
- Stichwörter (ggf. in einer elektronischen Stichwortliste)
- (evtl.) Kategorie

Danach sollte zunächst das Inhaltsvereichnis erstellt werden, um damit die Struktur des Dokuments festzulegen. Der erste Entwurf dieses Verzeichnisses ist in den meisten Fälle nicht endgültig, sondern muss im Zuge der Erstellung des Dokuments (ggf. sogar mehrfach) überarbeitet, ergänzt oder gekürzt werden.

10.2 Dokumentenerstellung und Prüfung

Nachdem durch das Inhaltsverzeichnis eine Struktur festgelegt ist, werden die einzelnen Abschnitte mit Inhalten gefüllt. Hierbei empfiehlt es sich, häufiger die bereits formulierten Passagen auszudrucken und dort auf Formulierungs– und Rechtschreibfehler zu prüfen. Es hat sich gezeigt, dass solche Fehler auf Papier eher und sicherer erkannt werden als auf einem Monitor.

Nach Abschluss der Erstellung ist jedes technische Dokument hinsichtlich folgender formaler Kriterien zu prüfen (vgl. hierzu [Rec06]):

- Entsprechen Rechtschreibung und Zeichensetzung den Regeln?
- Ist die Silbentrennung korrekt?
  Besonders kritisch bei automatischer Silbentrennung!
- Haben Kapitel und Abschnitte „sinnvolle" Länge oder muss gekürzt oder zusammengefasst werden?
- Wurde im Text auf alle Bilder, Tabellen u.ä. Bezug genommen?
- Sind alle Literaturangaben noch aktuell?

Anschließend erfolgt eine Prüfung der gewählten Formulierungen. Hierbei sind überflüssige Füllwörter zu entfernen (z.B. das gern eingeschobene „nun") und die Sätze so kurz wie möglich zu formulieren. Auf eingeschobene Nebensätze sollte völlig verzichtet werden.

Die letzte Prüfung betrifft den Seitenumbruch. Hier sind ggf. Seitenwechsel manuell einzufügen oder ganze Passagen anders zu formulieren, wenn dadurch ein sauberer Seitenumbruch erreicht werden kann. Unbedingt ist darauf zu achten, dass keine einzelne Zeile eines Absatzes oder gar eine Überschrift am Seitenende steht (typografischer „Schusterjunge") und dass nicht die letzte Zeile eines Absatzes auf eine neue Seite gesetzt wird (typografisches „Hurenkind").

11 Äußere Form der Dokumentation

Unabhängig von allen unternehmensspezifischen Dokumentationsrichtlinien gibt es -auch ohne eine verbindliche Normung- einen kleinsten gemeinsamen Nenner hinsichtlich der äußeren Gestaltung technischer Dokumente. Neben den Minimalanforderungen trifft dies speziell für den sogenannten *Satzspiegel* und die zu verwendenden Schriftarten zu.

11.1 Minimalanforderungen

Um zu jeder Komponente eines Dokuments eindeutig verweisen zu können, muss ein technisches Dokument einige formale Minimalanforderungen erfüllen. Unverzichtbare formale Elemente eines technischen Dokuments sind daher:

- Titelblatt
  Das Titelblatt enthält neben dem Titel auch Angaben zu Autor(en), Erstellungsdatum des Dokuments und ggf. Revisionsnummern. Weitere Informationen wie z.B. Erscheinungsort u.ä. sind zulässig.

- Seitenzahlen
  Jedes Dokument muss über eine vollständige und lückenlose Seiten-Nummerierung verfügen. Auch eingelegte Seiten mit Abbildungen oder Tabellen sind mitzuzählen.

- Vollständige Nummerierung von Abbildungen und Tabellen
  Sämtliche Abbildungen und Tabellen müssen mit einer laufende Nummer und einem Kurztitel versehen werden. Verweise aus dem Text auf eine Abbildung oder eine Tabelle erfolgen ausschließlich über diese Abbildungs–oder Tabellennummer. Ein Hinweis wie „siehe nebenstehende Abbildung" ist unzulässig, da sich die Position einer Abbildung oder einer Tabelle bei der Neuformatierung eines Dokuments verschieben kann. Auch ein alleiniger Hinweis auf die Seitenzahl ist unzulässig. Selbst wenn dieser Seitenverweis elektronisch nachgeführt wird, ist die Eindeutigkeit des Bezuges nicht sicher gestellt, wenn sich auf der referenzierten Seite mehr als eine Abbildung oder Tabelle befindet.

- Verzeichnisse
  In technischen Dokumenten ist die schnelle Auffindbarkeit einzelner Informationen von höchster Wichtigkeit. Diese Auffindbarkeit wird in der Regel durch Verzeichnisse sicher gestellt. Da die meisten Verzeichnisse eine Seitenzahl referenzieren, sollten sie automatisch (also durch das genutzte Textbearbeitungs-Programm) erstellt und bei jeder Änderung des Dokuments automatisch aktualisiert werden, da eine manuelle Aktualisierung fast immer unvollständig oder fehlerhaft ist.

  Folgende Verzeichnisse können Bestandteil eines technischen Dokuments sein:

    - Literaturverzeichnis (Quellenverzeichnis)
      Unverzichtbares Element eines jeden technischen Dokuments ist das *Literatur–* oder *Quellenverzeichnis* . Hier sind –schon aus urheberrechtlichen Gründen– **alle** benutzten Quellen zu zitieren.

      Der genaue Aufbau eines Literaturverzeichnisses ist in der DIN 1505 beschrieben, allerdings sind in der Praxis auch viele andere Zitierweisen gebräuchlich. Das Zitat muss aber in jedem Fall geeignet sein, eindeutig die referenzierte Stelle im Quellendokument zu lokalisieren.

    - Inhaltsverzeichnis
      Das *Inhaltsverzeichnis* listet alle Überschriften (meistens bis zur 3. Ebene) mit den zugehörigen Seitenzahlen auf. Es eignet sich besonders zum schnellen Auffinden einzelner Kapitel in einem Dokument.

    - Tabellenverzeichnis
      Das *Tabellenverzeichnis* listet alle Tabellenüberschriften mit den zugehörigen Seitenzahlen auf. Bei Dokumenten von geringem Umfang und mit wenigen Tabellen (unter 10) kann auf das Tabellenverzeichnis verzichtet werden.

    - Abbildungsverzeichnis
      Das *Abbildungsverzeichnis* listet alle Bildunterschriften mit den zugehörigen Seitenzahlen auf. Bei Dokumenten von geringem Umfang und mit wenigen Abbildungen (unter 10) kann auf das Abbildungsverzeichnis verzichtet werden.

    - Stichwortverzeichnis („Index")
      Das *Stichwortverzeichnis* dient zum Auffinden einzelner Begriffe in einem Dokument. Hier sind die einzelnen Begriffe gefolgt von den Seiten ihres Auftretens aufzulisten.

– Glossar

Als *Glossar* bezeichnet man eine Liste mit Wörtern und der zughörigen Erklärung. Meist werden hier Fachbegriffe in ihrem vollen Wortlaut beschrieben; gelegentlich wird auch die Bedeutung des jeweiligen Begriffs kurz erläutert.

11.2 Satzspiegel

Unter dem Begriff „Satzspiegel" versteht man in der Typografie die auf einer Seite vom Text eingenommene Fläche. Hiermit sind auch die Breiten der Ränder („Stege") festgelegt. Im Druckereiwesen wird der Auswahl des Satzspiegels eine elementare Bedeutung zugemessen. Bei technischen Dokumenten wird oft ein vom jeweiligen Bearbeitungsprogramm vorgegebener Satzspiegel benutzt. Um eine optimale Lesbarkeit und Übersichtlichkeit zu gewährleisten, sollten die folgenden Empfehlungen für die einzelnen Elemente des Satzspiegels beachtet werden:

11.2.1 Stege

Der Begriff *Steg* bezeichnet in der Typografie den unbedruckten Teil einer Seite, der oft auch einfach als *Seitenrand* bezeichnet wird. Man unterscheidet folgende Bereiche:

- Kopfsteg („oberer Seitenrand")

- Fußsteg („unterer Seitenrand")
  Der Fußsteg sollte aus Gründen der Lesbarkeit –und um ausreichend Platz für die Seitenzahl zu haben– etwas breiter als die anderen Stege sein. Es werden für den Fußsteg 3,5 cm empfohlen.

- Bundsteg („innerer Seitenrand")
  Bei doppelseitig bedruckten Dokumenten ist es besonders wichtig, dass durch die Bindung oder Heftung keine Textteile unlesbar werden. Die DIN 5008 [DIN11] empfiehlt eine Breite des Bundsteges von 2,5 cm.

- Außensteg („äußerer Seitenrand")
  Der Außensteg sollte mindestens so breit sein wie der Bundsteg. Wenn noch Korrekturen am Dokument erfolgen sollen oder Platz für Bemerkungen des Lesers verbleiben soll, kann der Außensteg auch breiter als der Bundsteg sein. Die DIN 5008 empfiehlt hier eine Breite von 5 cm.

11.2.2 Zeilenabstand

Für technische Dokumentationen hat sich ein Zeilenabstand von 1 1/2 Zeilen durchgesetzt, also ist z.B. bei einer Schriftgröße von 12 pt[1] ein Zeilenabstand von 18 pt
zu verwenden.

Für Dokumente im Revisions-Stadium kann auch ein größerer Zeilenabstand verwendet werden (meistens 2–zeilig), da dann die Korrekturzeichen im Text besser
erkennbar sind und notfalls auch noch Korrekturhinweise zwischen den Druckzeilen eingefügt werden können.

11.3 Schriftarten

Es ist auf jeden Fall eine einheitliche Schriftart zu verwenden. Lediglich für Aus-
zeichnungen von Passagen kann eine andere Schriftart verwendet werden. Zur
Auswahl geeigneter Schriften sei hier auszugsweise die DIN 5008 [DIN11] zitiert:

> *Für den elektronischen Datenaustausch wird die Verwendung einer
> Schriftart und eines Dateiformats nach ISO/IEC 10646 empfohlen.*

und weiter

> *Wegen der besseren Lesbarkeit sind in fortlaufendem Text zu kleine
> Schriftgrößen (unter 10 Punkt) und ausgefallene Schriftarten (z. B.
> Schreibschrift) und Schriftstile (z. B. Kapitälchen) zu vermeiden.*

Als Schriftart kommt daher für technische Dokumente nur eine Serifenschrift wie
z.B. Times Roman oder eine serifenlose Schrift wie z.B. Arial oder Helvetica in
Frage.

Während Überschriften mit einer Schriftgröße zwischen 14 pt und 16 pt zu setzen
sind, ist für den laufenden Text ist eine Schriftgröße zwischen 10 pt und 12 pt zu
verwenden. Eine Verkleinerung auf das nächst kleinere DIN-Format ergibt dann
eine resultierende Schriftgröße zwischen 7,1 pt und 8,5 pt, damit ist noch eine
ausreichende Lesbarkeit sicher gestellt.

---

[1]Mit pt ist der typografische Punkt gemeint, hierzu gibt es mehrere Definitionen. Normalerweise ist
der DTP-Punkt gemeint, dieser beträgt $1/72\,\text{Zoll} = 0,352\overline{7}\,\text{mm}$

12 Elektronische Dokumentation

Für die elektronische Dokumentation sind viele Programme verfügbar. Um eine Entscheidung für oder gegen ein bestimmtes Programm zu treffen, sind folgende Kriterien zu beachten:

- Vorgabe des Abnehmers
- Eignung der Software für die Dokumentation
- Verfügbarkeit
- Kosten (Lizenzgebühren, Shareware, Freeware)
- Kenntnisse des Autors

Die ausgewählte Software sollte den Autor so weit wie möglich unterstützen. Eine wichtige Forderung ist jedoch, dass alle (prinzipiell automatischen) Funktionen der Software bei Bedarf abschaltbar sind.
Every feature you can't switch off is a bug!

12.1 Dateiformate

12.1.1 Containerformate

Containerformate dienen zur einheitlichen Speicherung und Weitergabe verschiedener Inhalte. Hierzu befindet sich in jeder Containerdatei ein Block mit sog. „Kopfdaten". In diesem Block ist beschrieben, welche tatsächlichen Dateiformate der Container enthält. Es ist möglich, in einem Container mehrere Dateien mit unterschiedlichen Formaten abzulegen. Containerformate sind vor allem in der Multimedia-Technik sehr verbreitet (z.B. AVI[1]), werden aber auch für Dokumentationszwecke häufig zur Speicherung und Weitergabe von Grafik-Dateien oder einer Sammlung von Text- und Grafik-Dateien eingesetzt (PDF).

12.1.1.1 Postscript

Postscript ist eine von der Fa. Adobe Systems Inc. 1984 entwickelte *Seitenbeschreibungssprache*, die besonders im Druckereiwesen sehr weit verbreitet ist. Mit

---

[1] Audio-Video-Interleave

Postscript beschriebene Seiten werden auf jeder Hardware und mit jedem Drucker gleich dargestellt; es kommt nicht zu system- oder konfigurationsabhängigen Differenzen im Druckbild einer Seite.

12.1.1.2 Portable Document Format

Das PDF-Format wurde auf der Basis von Postscript entwickelt und 1993 veröffentlicht. Dieses Dateiformat enthält gegenüber Postscript Erweiterungen, die die Anwendbarkeit stark verbessern. Die wichtigsten dieser Erweiterungen sind:

- Wahlfreier Zugriff auf einzelne Seiten (im Gegensatz zum ausschließlich sequenziellen Zugriff bei Postscript)
- Möglichkeit zur Verschlüsselung des Dokuments mit einem Passwort
- Möglichkeit der Einbettung von Nicht-PDF-Dateien (z.B. Audio, Video)
- Möglichkeit der Erstellung von (online ausfüllbaren) Formularen

12.1.2 Textformate

12.1.2.1 ASCII

Das ASCII[2]-Dateiformat ist auf nahezu jeder Hardware und unter allen Betriebssystemen erstellbar und lesbar. Der 7 Bit breite Code erlaubt 127 Zeichen, dies sind im wesentlichen die Groß- und Kleinbuchstaben, Ziffern sowie einige wenige Satz- und Sonderzeichen.
Trotz dieser Einschränkungen eignet sich das ASCII-Format zur Darstellung und Beschreibung der meisten Zusammenhänge. Weiter gehende Strukturierungen, z.B. Fettschrift oder Unterstreichungen sind jedoch nicht möglich.

12.1.2.2 Word-Dokument

Dieses (ursprünglich unternehmenseigene) Dateiformat der Fa. Microsoft ist sehr weit verbreitet. Es war ursprünglich nur unter MS-DOS und Windows verwendbar. Inzwischen unterstützen auch andere Textverarbeitungsprogramme (z.B. OpenOffice und LibreOffice) dieses Dateiformat. Außerhalb der PC-Welt ist es aber weiterhin problematisch!
Ein Kompromiss ist die Verwendung des „Rich Text Format" (*.rtf). Dieses Format kann von den meisten Textverarbeitungs-Programmen sowohl gelesen als auch geschrieben werden und erlaubt (in Grenzen) eine Übernahme der Formatierung

---

[2]American Standard Code for Information Interchange

des Textes. Die Übernahme besonderer Inhalte aus Word-Dokumenten (z.B. Grafiken oder Formeln) ist jedoch nur in Ausnahmefällen möglich.

12.1.2.3 Open Document Standard

Um die Vielfalt verschiedener Formate zu reduzieren, wurde 2006 das ursprünglich durch das Unternehmen Sun Microsystems entwickelte quelloffene ODF[3] als Standard spezifiziert. Die Beschreibung der Inhalte erfolgt in XML[4] mit einigen speziellen Erweiterungen.

Das Dateiformat hat mittlerweile den Stand einer internationalen Norm erhalten und ist unter ISO 26300 beschrieben. Viele Programme zur Text- und Grafikbearbeitung (u.a. OpenOffice und LibreOffice) unterstützen den Open Document Standard.

12.1.3 Grafikformate

Datenformate für Grafiken werden danach unterschieden, ob das Bild aus sog. „Pixels"[5] aufgebaut wird oder ob Linien und Flächen durch ihre Endpunkte bzw. Eckpunkte und weitere Eigenschaften beschrieben werden.

Es gibt leider nicht „das" optimale Grafikformat; je nach Verwendungszweck ist der eine oder der andere Typ zu bevorzugen.

In beiden Klassen von Grafikformaten gibt es verlustfreie und verlustbehaftete Formate. Die verlustbehafteten Formate führen zu kleineren Dateigrößen; die Bildqualität wird aber bei jedem erneuten Abspeichern auf Grund der dann jedes Mal durchgeführten verlustbehafteten Kompression immer schlechter.

12.1.3.1 Pixelgrafik-Formate

Pixel- oder Bitmap-Grafiken beschreiben Bilder anhand von Bildpunkten, die in einem Raster angeordnet sind. Jeder Punkt ist beschrieben über seine Farbe. Bei der Bearbeitung einer Bitmap-Grafik werden die einzelnen Pixel modifiziert.

Die Qualität von Bitmap-Grafiken ist abhängig von der Auflösung, da die Daten an einem Raster bestimmter Größe ausgerichtet sind. Wird eine Bitmap-Grafik vergrößert, können die Kanten des Bildes ausgefranst aussehen, da die Pixel innerhalb des (neuen) Rasters neu angeordnet werden. Aber auch bei Darstellung einer Bitmap-Grafik auf einem Ausgabegerät mit niedrigerer Auflösung wird die

---

[3]Open Document Format
[4]Extended Markup Language
[5]Pixel = Picture Element, meistens sinnvoll mit „Bildpunkt" zu übersetzen

Bildqualität vermindert. Darüber hinaus führt eine Pixel-Grafik in der Regel zu großen Bilddateien. Um die Dateigröße zu verringern, werden die Daten komprimiert. Hierbei ist zu unterscheiden, ob die Datenkompression verlustfrei oder verlustbehaftet ist.

TIFF   Das Grafik-Dateiformat TIFF[6], manchmal auch als TIF abgekürzt, wurde 1986 durch die Aldus Corp. (heute Teil der Fa. Adobe Systems) entwickelt. In verschiedenen Revisionen wurden unterschiedliche Algorithmen zur Kompression der Bilddaten implementiert. In der (zur Zeit aktuellen) Version 6 (Stand 1993) können auch andere Grafik-Formate in TIFF eingebettet sein; TIFF ist daher auch als sog. Containerformat anzusehen.

Da TIFF ein verlustfrei komprimierendes Format ist, lassen sich Pixelgrafiken in hoher Auflösung in diesem Format verlustfrei speichern. Darüber hinaus bietet TIFF die Möglichkeit, mehrere Bilder in einer Datei abzulegen.

GIF   Das GIF-Format wurde 1987 von der Fa. CompuServe zunächst mit dem Ziel eingeführt, Farbgrafiken über – nach heutigem Standard extrem langsame – Datenverbindungen komprimiert übertragen zu können. Die hohe und dennoch verlustfreie Kompression hat zu einer weiten Verbreitung des GIF-Formats geführt, es ist bis heute das Standard-Format für kleinere Grafiken mit begrenzter Farbtiefe.

GIF erlaubt eine Bildgröße von maximal $2^{16} \cdot 2^{16}$ Bildpunkten; dies entspricht einer maximalen Bildgröße von ca. 4295 Megapixeln. In einer Grafik können maximal 256 Farben verwendet werden; diese sind aus einer Palette von 2^{24} Farben wählbar.

GIF erlaubt sehr viele Zusatzeigenschaften in der Grafik, so z.B. Transparenz und Animation (automatisch ablaufende Folgen mehrerer Bilder in einer Datei).

PNG   Neben JPG, GIF und BMP wird – vor allem im WWW – auch sehr häufig das 1994 entwickelte PNG Format eingesetzt [7]. Portable Network Graphics ist ein (genau wie GIF) verlustfrei komprimiertes Grafikformat, welches von seiner Komplexität und den Möglichkeiten zwischen dem GIF-Format und dem TIFF-Format anzusiedeln ist.

Das PNG-Format bietet noch weitere Vorteile gegenüber dem GIF-Format, so z.B. 256 Transparenzebenen durch Verwendung von Alphakanälen, welche beim GIF

---

[6]Tagged Image File Format
[7]Die Unisys Corp. hatte zu diesem Zeitpunkt angekündigt, das GIF-Format kostenpflichtig zu machen!

Format nicht möglich sind, da die binäre Transparenz von GIF für Pixel nur zwei Möglichkeiten vorsieht: entweder transparent oder opak (undurchsichtig). Ein weiterer Vorteil von PNG-Grafiken ist die Gammakorrektur der Bildhelligkeit. Somit können PNG-Grafiken auf jeder Plattform genau gleich dargestellt werden.

PNG erlaubt zusätzlich die Speicherung von Meta-Informationen in der Bilddatei, z.B. Autor und Copyright-Vermerke.

JPG Das JPG-Format (auch als JPEG[8] bezeichnet) wurde ursprünglich zur Darstellung von Fotografien entwickelt. Das JPG-Format ist ein verlustbehaftetes Format. Die Norm ISO/IEC 10918-1 beschreibt ausschließlich die zu verwendenden Kompressionsalgorithmen, nicht jedoch das Dateiformat selbst. Hier haben sich wenige Standard-Formate durchgesetzt, besonders das JFIF-Format [Ham92].

Inzwischen wird JPEG immer dann in der technischen Dokumentation verwendet, wenn eine große Anzahl von Farben möglichst genau abgebildet werden soll. Die im Vergleich zu den meisten anderen Grafik-Formaten relativ aufwändige Codierung und Decodierung ist durch die Leistungsfähigkeit moderner Computer kein Problem mehr.

12.1.3.2 Vektorgrafik-Formate

In Vektorgrafiken wird der darzustellende Bildinhalt aus *Linien* aufgebaut. Zu jeder Linie gehören die Informationen über Anfangs- und Endpunkt, Linienbreite und Linienfarbe.

Der größte Vorteil von Vektorgrafiken besteht in ihrer *Skalierbarkeit*, d. h. in ihrer Unabhängigkeit von der tatsächlichen Darstellungsgröße. Weiterhin sind Vektorgrafik-Dateien sehr kompakt. Sie eignen sich besonders gut zur Darstellung von Strichzeichnungen jeder Art, z. B. für technische Zeichnungen und Skizzen.

Von vielen Vektorgrafik-Formaten haben sich besonders zwei Formate in der technischen Dokumentation durchgesetzt:

SVG Das SVG-Format[9] ist ein relativ junges Dateiformat, welches erstmalig 2001 vom World Wide Web Consortium veröffentlicht wurde. Die aktuelle Fassung findet man unter [SVG11]. SVG-Dateien bestehen aus XML-Sprachelementen, sie sind daher plattformunabhängig. Viele -besonders neuere- Grafikprogramme unterstützen das SVG-Format.

---

[8]Joint Picture Experts Group
[9]Scalable Vector Graphics

EPS EPS[10]-Dateien sind dem Grunde nach Postscript-Dateien. Sie enthalten jedoch neben den Postscript-Informationen noch die Beschreibung einer sog. *Bounding Box*. In dieser sind Informationen über die absolute Größe der Zeichnung codiert. Mit Hilfe der Bounding Box ist es daher möglich, bei der Darstellung der Grafik den Zeichnungs-Maßstab exakt zu reproduzieren.

12.2 Software zur Dokumentenerstellung

12.2.1 Textverarbeitungs-Software

Bei Software zur Erstellung und Bearbeitung von Texten unterscheidet man *Textverarbeitungsprogramme* und *Seitenbeschreibungssprachen*.

In einem Textverarbeitungs-Programm wird zunächst der darzustellende Text eingegeben, danach werden Texthervorhebungen und Formatierungen über Funktionstasten bzw. über die Maus eingefügt. Der Autor sieht in der Regel jederzeit, wie das optische Erscheinungsbild des Textes ist; die Programme dieser Gruppe werden daher auch oft mit dem Begriff „wysiwyg" (What you see is what you get) assoziiert. Die bekanntesten Programme dieser Gruppe sind Microsoft Word und die lizenzfreien Programme Open Office und Libre Office.

Eine Seitenbeschreibungssprache verfolgt eine andere Philosopie. Die Quelldatei enthält sowohl den eigentlichen Text als auch die Formatierungsbefehle in Form einfacher ASCII-Zeichen. Quelldateien dieser Form sind naturgemäß nur schwer lesbar. Erst nach der „Übersetzung" der Quelldatei in das Zielformat (meistens PDF, manchmal auch andere Formate wie z.B. HTML oder DVI) kann das Ergebnis in einem geeigneten Viewer betrachtet werden. Der Vorteil von Seitenbeschreibungssprachen ist ihre gegenüber Textverarbeitungsprogrammen höhere Flexibilität und Erweiterbarkeit. Die erste dieser Seitenbeschreibungssprachen war das 1964 entwickelte *runoff*. Heute steht das um 1980 entstandene LaTeX an erster Stelle bei den Seitenbeschreibungssprachen.

12.2.1.1 Microsoft Word und Open Office/Libre Office Writer

Die erste Version von Microsoft Word kam 1983 auf den Markt. Es ist unter Windows und unter MacOS lauffähig. Während man ursprünglich kein quelloffenes Dateiformat nutzte, setzen die neueren Versionen ab Word 2007 auf Dateien nach dem (offenen) XML-Standard („.docx"). Darüber hinaus unterstützend diese Versionen auch die direkte Ausgabe der Textdateien im PDF-Format.

---

[10]Encapsulated Postscript

Für technische Dokumente ist Microsoft Word nur dann geeignet, wenn keine oder wenige Formeln im Text vorkommen. Der integrierte Formeleditor ist nicht geeignet, umfangreiche mathematische Ausdrücke bequem einzugeben oder zu bearbeiten.

Weitere Funktionen, besonders zur Organisation und Bearbeitung großer Dokumente, stehen zwar zur Verfügung, die Benutzung ist aber umständlich und erfordert eine längere Einarbeitungszeit.

Das lizenzfreie OpenOffice-Paket ist auf allen Hardware-Plattformen lauffähig. Es umfasst im wesentlichen dieselben Funktionen wie Microsoft Office. OpenOffice nutzt konsequent den ODF-Standard, kann aber auch viele Fremdformate importieren und exportieren.

Seit 2011 ist eine modifizierte Version von OpenOffice auf dem Markt, die auf Grund der Unternehmenspolitik von Oracle Corp. von unabhängigen Entwicklern unter dem Namen LibreOffice weiter gepflegt und entwickelt wird.

12.2.1.2 LaTeX

LaTeX ist eine auf TeX aufbauende mächtige Sammlung von Makros zur Erstellung von Dokumenten mit Hilfe einer Seitenbeschreibungssprache. Die Entwicklung begann schon um 1980. Folgerichtig sind die Hardware-Anforderungen äußerst gering, LaTeX ist auf nahezu jeder Hardware unter allen derzeit üblichen Betriebssystemen lauffähig.

LaTeX erlaubt eine nahezu unbegrenzte Vielfalt hinsichtlich der Textgestaltung und der Schriftarten. Der größte Vorzug von LaTeX ist aber der höchst leistungsfähige und benutzerfreundliche (textbasierte) Formelsatz. Formeln werden in LaTeX wie in einer algorithmischen Programmiersprache geschrieben; die grafische Aufbereitung wird vollständig vom Programm übernommen.

Auf Grund der Philosophie bietet LaTeX kein „wysiwyg", sondern erfordert immer erst einen „Compilerlauf", um ein darstellbares Ergebnis zu erhalten. Meistens wird als Ausgabefomat das PDF-Format oder das DVI-[11]-Format verwendet. Wenn dies auch zunächst als Mangel erscheint, wird hierdurch die maximale Portabilität sichergestellt.

12.2.2 Grafik-Software

Bei Grafik-Software unterscheidet man *Grafik-Editoren* und *Grafik-Viewer*.
Grafik-Editoren verfügen über umfangreiche Funktionen zur *Erstellung* von Grafiken. Unter den lizenzfreien Produkten sind besonders MyPaint und InkScape zu

---

[11]Device independent

erwähnen. Während sich MyPaint eher zur Erstellung einfacher farbiger Logos eignet, ist zur Erstellung von Skizzen und Zeichnungen InkScape (vgl. 12.2.2.1) besser geeignet.

Grafik-Viewer dienen vornehmlich dazu, Grafiken unterschiedlicher Formate darzustellen. Sie werden auch häufig eingesetzt, um Grafik-Dateien von einem Format in ein anderes zu konvertieren. Inzwischen haben viele Viewer auch eingeschränkte Funktionen zur Bildbearbeitung, z.B. zur Farbkorrektur, zum Drehen von Abbildungen oder zur Skalierung von Bildern.

12.2.2.1 InkScape

Der plattformunabhängige Grafik-Editor InkScape wurde 2003 veröffentlicht und inzwischen in mehreren Revisionen erweitert. InkScape erlaubt die Erstellung von Vektorgrafiken in verschiedenen Formaten. Besonders zu erwähnen ist die Unterstützung des SVG-Dateiformats (vgl. 12.1.3.2). SVG ist auch das vom W3C[12] empfohlene Standard-Grafikformat für Vektorgrafiken.

12.2.2.2 GIMP

Der plattformunabhängige freie Grafik-Editor GIMP (Graphics Image Manipulation Program) ist ein höchst leistungsfähiger Grafik-Editor. Das Programm unterstützt nahezu alle gängigen Operationen auf Grafik-Dateien. Nachteilig ist die im Vergleich zu anderen Grafik-Editoren größere erforderliche Einarbeitungszeit.

Während GIMP eine Vielzahl von Bearbeitungs-Optionen anbietet, sind die Funktionen zur Erstellung einer Grafik recht eingeschränkt. Daher ist GIMP die erste Wahl, wenn es um die Nachbearbeitung von Grafiken oder Bildern geht.

12.2.2.3 IrfanView

IrfanView ist ein universeller (für nicht kommerziellen Einsatz lizenzfreier) Grafik-Viewer, der allerdings im Gegensatz zu den bisher beschriebenen Programmen nur auf Windows-Plattformen lauffähig ist.

IrfanView kann sehr viele Grafikformate sowohl lesen wie auch schreiben. Neben der eigentlichen Viewer-Funktion eignet sich IrfanView daher besonders gut zur Umwandlung des Speicherformats von Grafik-Dateien. Darüber hinaus verfügt IrfanView über Funktionen zur Skalierung und Drehung von Bildern, zur Erstellung von Slideshows und zur Erzeugung von Bilddateien und Übersichten zur Einbindung in HTML-Dateien (Webseiten).

---

[12]World Wide Web Consortium

Anhang

A Logarithmus - Eine kurze mathematische Einführung

Der *Logarithmus* ist eine der elementaren Funktionen in der Mathematik und ist –allgemein formuliert– eine Umkehroperation des Potenzierens.

Logarithmus zur Basis 10

Die allgemeine Aufgabe bei der Potenzrechnung ist es, z. B. $y = 10^x$ oder allgemein $y = a^x$ zu berechnen, wobei x gegeben und y zu berechnen ist. Für ganzzahlige Werte von x ist die Rechnung unmittelbar klar. Liegen jedoch gebrochene Werte von x vor, so muss auf Tabellen oder Taschenrechner zurückgegriffen werden.

Wir betrachten hier die umgekehrte Fragestellung. Gegeben sei die Gleichung

$$10^x = 1000$$

und gesucht ist der Exponent x. Als Lösung ergibt sich unmittelbar x = 3, da wir wissen

$$1000 = 10^3$$

Wie lässt sich die Lösung systematisch finden?

Ansatz: Wir schreiben beide Seiten der Gleichung als Potenz zur gleichen Basis, hier also zur Basis 10.

Damit haben wir die Möglichkeit, die Exponenten einfach mit einander zu vergleichen:

$$\text{Aus} \quad 10^x = 10^3 \quad \text{folgt} \quad x = 3$$

Beispiel: Gesucht ist x für die Gleichung $10^x = 100\,000$. Dann gilt:

$$10^x = 10^5 \quad \Rightarrow \quad x = 5$$

Der Exponent ist 5. Dieser Exponent hat einen neuen Namen, er heißt *Logarithmus*.

$$\text{Schreibweise:} \quad x = \lg(100\,000) = 5$$
$$\text{Gelesen:} \quad \text{x ist der Logarithmus der Zahl } 100\,000$$

Die Gleichung $10^x = 100\,000$ kann geschrieben werden als:

$$10^x = 10^{\lg(100\,000)} \quad \text{oder} \quad x = \lg(100\,000) = 5$$

Damit die Basis eindeutig festgelegt ist, muss diese mit angegeben werden:

$$x = \log_{10}(100\,000) = \lg(100\,000)$$

Allgemein schreibt man

$$x = \log_b a$$

und sagt dann: „x ist der Logarithmus von a zur Basis b"
Das Ergebnis des Logarithmierens gibt also an, mit welchem Exponenten x man die Basis b potenzieren muss, um a zu erhalten.

Definition: Der Logarithmus einer Zahl a zur Basis b ist diejenige Hochzahl x, mit der b potenziert werden muss, um a zu erhalten.

$$b^{\log_b a} = a$$

Schreibweisen für die gebräuchlichen Logarithmen

Basis 10   Logarithmen zur Basis 10 heißen *dekadische Logarithmen* (Zehnerlogarithmus).

Schreibweise: $\log_{10}$ oder lg

Anwendung: nummerische Rechnungen, Koordinatenachsen

Basis e   Logarithmen zur Basis $e = 2,71828\ldots$ heißen *natürliche Logarithmen* (*„logarithmus naturalis"*).

Schreibweise: $\log_e$ oder ln

Anwendung: höhere Mathematik, analytische Rechnungen, physikalische Probleme

Basis 2   Logarithmen zur Basis 2 heißen *Zweierlogarithmen* (*„logarithmus dualis"*).

Schreibweise: $\log_2$ oder ld

Anwendung: Informationstheorie, Datenverarbeitung

Mit den vorherigen Überlegungen folgt z.B. für die Gleichung $2^x = 64$:

$$2^x = 2^6 \quad \Rightarrow \quad x = 6$$

In allgemeiner Schreibweise:

$$x = \log_2(64) = 6 \quad \text{oder} \quad 2^{\log_2(64)} = 64$$

Rechenregeln für Logarithmen

Die Rechenregeln für Logarithmen ergeben sich aus den Potenzgesetzen, da Logarithmen Exponenten sind. Der Grundgedanke der Logarithmenrechnung ist, Rechnungen anstatt mit den Ausgangswerten mit deren Exponenten durchzuführen.

Die Rechenregeln sind im folgenden für den dekadischen Logarithmus angegeben, also zur Basis 10. Sie lassen sich aber unmittelbar auf Logarithmen zu einer beliebigen Basis übertragen.

$$\text{Multiplikation:} \quad \lg(a \cdot b) \qquad = \lg(a) + \lg(b)$$

$$\text{Division:} \quad \lg\left(\frac{a}{b}\right) \qquad = \lg(a) - \lg(b)$$

$$\text{Potenz:} \quad \lg a^m \qquad = m \cdot \lg(a)$$

$$\text{Wurzel:} \quad \lg(\sqrt[m]{a}) = \lg(a^{1/m}) \qquad = \frac{1}{m}\lg(a)$$

B Logarithmische Koordinatenpapiere

In der Praxis werden oft Diagramme mit *logarithmischen Teilungen* oder auf logarithmischem Koordinatenpapier erstellt. Hierdurch ist z.B. die Darstellung von Größen möglich, die über mehrere Zehnerpotenzen (Größenordnungen) variieren. Man unterscheidet:

- Halblogarithmische (einfach logarithmische) Darstellung
  Eine Achse ist logarithmisch geteilt, die andere Achse ist linear geteilt.

- Doppelt logarithmische Darstellung
  Beide Achsen sind logarithmisch geteilt.

Es gibt verschiedene logarithmische Koordinatenpapiere, bei denen auf einer A4-Seite in x- und y-Richtung eine, zwei oder drei Dekaden (Zehnerpotenzen) dargestellt sind. Die Auswahl eines geeigneten log-Papiers muss dem Variationsbereich der vorliegenden Daten angepasst werden.

Eine logarithmische Skala (kurz: log-Skala) besitzt keine lineare Einteilung der Achsen:

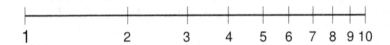

Abbildung B.1: Logarithmische Achsenteilung über eine Dekade

Der Aufbau einer logarithmischen Skala über 3 Dekaden (d.h. über einen Zahlenbereich von 3 Zehnerpotenzen) hat folgendes Aussehen:

Abbildung B.2: Logarithmische Achsenteilung über drei Dekaden

Käufliches logarithmisches Koordinatenpapier ist immer nach dem Zehnerlogarithmus geteilt und enthält eine Angabe über die „Länge" einer Dekade auf dem Papier. In der nachfolgenden Abbildung wurde als Beispiel die Einheit 4 cm gewählt, d.h. jede Dekade hat eine Ausdehnung von 40 mm.

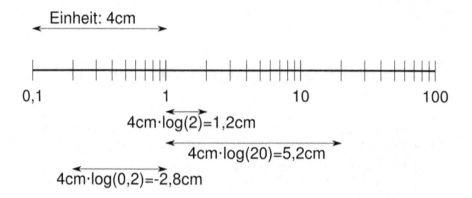

Abbildung B.3: Konstruktion der logarithmischen Achsenteilung

Mit dieser Angabe kann die Position jeder beliebigen Zahl auf der Koordinatenachse bestimmt werden. In obiger Abbildung sind exemplarisch die Positionen für die Werte 2 und 20 angegeben. Eine besondere Beachtung gilt für Zahlen kleiner als Eins. Da der $\log(1) = 0$ ist, ergeben Logarithmen dieser Zahlen negative Werte. Der Bezugspunkt ist also die 1 und nicht (wie sonst üblich) die 0 ! Die Positionen von Zahlen kleiner als Eins sind daher von 1 negativ abzutragen.

Liegt in einem Diagramm mit logarithmisch skalierten Koordinatenachsen eine Gerade als Kurvenverlauf vor, so ist bei der Bestimmung der Steigung dieser Geraden zu beachten, dass in den Funktionspapieren mit logarithmischer Skalierung

nicht der Logarithmus einer Größe, sondern der Wert der Größe selbst

aufgetragen ist.

Betrachten wir folgendes einfaches Beispiel:

Aus der Abbildung B.4 ergibt sich für die Steigung m der Geraden:

$$\Delta x = \lg(100) - \lg(1) = 2 - 0 = 2$$
$$\Delta y = 70 - 18 = 52$$

somit

$$m = \frac{\Delta y}{\Delta x} = \frac{52}{2} = 26$$

Für den Achsenabschnitt (den Schnittpunkt der Geraden mit der y-Achse für den Wert $x = 0$) ist hier zu beachten, dass $\log(1) = 0$ ist. Es ist also in dem Diagramm der y-Wert bei $x = 1$ abzulesen:

$$\text{Achsenabschnitt} \quad b \approx 18$$

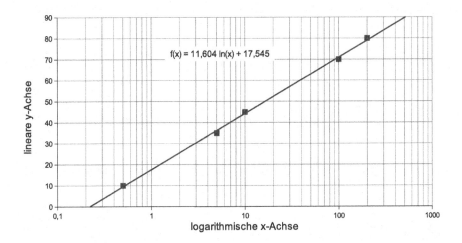

Abbildung B.4: Bestimmung einer Geradengleichung bei logarithmischer Achsenteilung

Die Gleichung für die Gerade lautet somit:

$$y = 26 \cdot \lg(x) + 18$$

Dieses Ergebnis weicht auf den ersten Blick von der in dem Diagramm angegebenen Regressionsgleichung ab. Der Grund liegt in dem Unterschied zwischen dem dekadischen und natürlichen Logarithmus. Wie bereits erwähnt, basieren logarithmische Koordinatenpapiere immer auf dem dekadischen Logarithmus, die in dem Tabellenkalkulationsprogramm durchgeführte logarithmische Regression greift jedoch auf den natürlichen Logarithmus zurück.

Umrechnung:

$$y = 26 \cdot \ln(x) \cdot \lg(e) + 18 = 26 \cdot 0{,}44 \cdot \ln(x) + 18$$
$$y = 11{,}4 \cdot \ln(x) + 18$$

Im Rahmen der Ablesegenauigkeit stimmen die Ergebnisse überein.

Tabellenverzeichnis

Abbildungsverzeichnis

Literaturverzeichnis

[Are08] ARENS, T.; HETTLICH F.; KARPFLINGER C. U.A.: *Mathematik*. Spektrum Akademischer Verlag, Berlin, Heidelberg, 1. Auflage, 2008.

[Bro05] BRONSTEIN, SEMENDJAJEV;: *Taschenbuch der Mathematik*. Verlag Harri Deutsch, Frankfurt, 6. Auflage, 2005.

[Chr68] CHRISTEN, H.R.: *Grundlagen der allgemeinen und anorganischen Chemie*. Sauerländer Verlag, 1968.

[DIN78] DIN 55301: *Gestaltung statistischer Tabellen*, Sept. 1978.

[DIN96] DIN 1319: *Grundlagen der Messtechnik*, Mai 1996.

[DIN11] DIN 5008: *Schreib– und Gestaltungsregeln für die Textverarbeitung*, April 2011.

[Eic01] EICHLER, H.J.; KRONFELDT H.-D.; SAHM J.: *Das Neue Physikalische Grundpraktikum*. Springer Verlag, 1. Auflage, 2001.

[Gia10] GIANCOLI, D. C.: *Physik, Lehr- und Übungsbuch*. Pearson Studium, München, 3. Auflage, 2010.

[Ham92] HAMILTON, E.: *JPEG File Interchange Format*. http://www.jpeg.org/public/jfif.pdf, sep 1992.

[Ham11] HAMILTON, E.: *Reaktionskinetik 2: Arrhenius-Gleichung und Theorie des Übergangszustands*. http://www.uni-mainz.de/FB/Chemie/AK-Maskos/Dateien/PCIII-20.pdf, jul 2011.

[Har07] HARTEN, U.: *Physik*. Springer Verlag, 2007.

[Her99] HERING, E.; MARTIN R.; STOHRER M.: *Physik für Ingenieure*. Springer Verlag, Berlin, Heidelberg, 7. Auflage, 1999.

[Her09] HERING, L.; HERING H.: *Technische Berichte*. Vieweg + Teubner, Wiesbaden, 6. Auflage, 2009.

[HREK02] HEISS, RUDOLF, EICHNER und KARL: *Haltbarmachen von Lebensmitteln*. Springer Verlag, 2002.

[Jun06] JUNG, WAPPIS;: *Taschenbuch Null-Fehler-Management*. Hanser Verlag, 2006.

[Kle01] KLEPPMANN, W.: *Taschenbuch Versuchsplanung*. Hanser Verlag, 2. Auflage, 2001.

[Pap01a] PAPULA, L.: *Mathematik für Ingenieure und Naturwissenschaftler*, Band 3, Kapitel 4. Vieweg + Teubner, Wiesbaden, 4. Auflage, 2001.

[Pap01b]   PAPULA, L.: *Mathematik für Ingenieure und Naturwissenschaftler*, Band 3, Kapitel 3. Vieweg + Teubner, Wiesbaden, 4. Auflage, 2001.

[Pap08]   PAPULA, L.: *Mathematik für Ingenieure und Naturwissenschaftler*, Band 3, Kapitel 8. Vieweg + Teubner, Wiesbaden, 5. Auflage, 2008.

[ptb94]   *Die SI-Basiseinheiten, Definition Entwicklung Realisierung*. PTB Sonderdruck, 1994.

[ptb07]   *PTB mitteilungen*, 117 (2), 2007.

[Pyz11]   PYZDEK,   T.:   *Motorola's   Six-Sigma-Program*.   http://www. qualitydigest.com/dec97/html/motsix.html, jul 2011.

[Rec06]   RECHENBERG, P.: *Technisches Schreiben*. Hanser Verlag, München, Wien, 3. Auflage, 2006.

[Ros06]   ROSS, S.M.: *Statistik für Ingenieure und Naturwissenschaftler*.   Elsevier GmbH, Spektrum Akademischer Verlag, Heidelberg, München, 3. Auflage, 2006.

[SVG11]   *Scalable Vector Graphics 1.1 W3C Working Draft*. http://www.w3.org/TR/ SVG11/WD-SVG11-20110512.pdf, may 2011.

[Sze81]   SZE, S.M.: *Physics of Semiconductor Devices*. John Wiley & Sons, 1981.

[Tip08]   TIPLER, P.A.; MOSCA, G.: *Physik für Wissenschaftler und Ingenieure*. Spektrum Akademischer Verlag, Heidelberg, 6. Auflage, 2008.

[Vog95]   VOGEL, H.: *Gerthsen Physik*. Springer Verlag, 1995.

[Wel77]   WELTNER: *Mathematik für Physiker*, Band 2. Vieweg + Teubner, Wiesbaden, 2. Auflage, 1977.

[Zur84]   ZURMÜHL: *Praktische Mathematik für Ingenieure und Physiker*. Springer Verlag, 1984.

Stichwortverzeichnis